サボテンはすごい！

堀部貴紀
HORIBE Takanori

過酷な環境を
生き抜く
驚きのしくみ

ベレ出版

はじめに

私が本書で読者の皆さんにお伝えしたいのは、サボテンの生き物としての「すごさ」や「面白さ」です。

観賞用の植物として人気のサボテンが、じつは、たくさんの人の生活を支え、世界各地の生態系に影響を与え、さらには地球の未来を救う可能性を秘めていることをご存じでしょうか？

例えば、ウチワサボテンの仲間は、食品や家畜飼料、加工品原料として、世界の広い地域で消費されています。また近年では、暑さや乾燥などの環境に対する耐性が注目され、砂漠化や土壌侵食の防止にも利用されています。また、地球温暖化や人口増加への対策が喫緊の課題である現在において、有用な作物をつくりだすための植物遺伝資源としてもサボテンの重要性が高まっていくと思われます。

しかし、その驚異的な生命力が裏目に出て、持ち込まれた地域で生態系を乱すこともあります。

サボテンの育て方などを解説する園芸書は数多くこれまでに出版されていますが、「なぜサボテンは高温や乾燥下で生きていけるのか？」「なぜあのような変わった形をしているのか？」などのような問いに対して、科学的な知見にもとづいて解説した本はあまりありませんでした。サボテンがさまざまな形をしているのは、環境への適応の結果であり、その形には生きていくための工夫が詰まっています。サボテンの謎めいた生態を知ると、じつはさらに面白く驚異的な植物であることがわかります。サボテンを研究する者として、彼らの本当の魅力を伝える書籍がないことを非常にもったいないと感じていたときに、この本の執筆のお話をいただきました。

本書は、サボテンや多肉植物に興味を持ち、より深く知りたいと思っている人に向けて書いた、いわば「サボテンの生物学」の入門書です。サボテンの生態についてさまざまな側面から、しっかりと丁寧にわかりやすく解説することを目標にして書いたつもりです。

しかし私としては、生き物に興味のあるすべての人に読んでもらいたいと思っています。すべての生き物はそれぞれに特徴的な生きる力を持っています。対象がどんな生き物であれ、それを知ったときの不思議な感動「センス・オブ・ワンダー(sense of wonder)」に違いはないと感じるからです。

私は、アメリカからメキシコにかけて広がるソノラ砂漠でサワロサボテン（*Carnegiea gigantea*）と出会ったときに、彼らの強さと美しさに圧倒され、研究者としての人生をサボテンと過ごすことに決めました。

そのときに抱いた感覚を、本書を通じて読者の皆さんと共有できれば幸いです。

サボテンの基礎知識

・サボテンとは、サボテン科に属する植物。
・トゲがあり、多肉質のものが多い。
・種子をつくる、種子植物の仲間。

サボテンの部位の名前

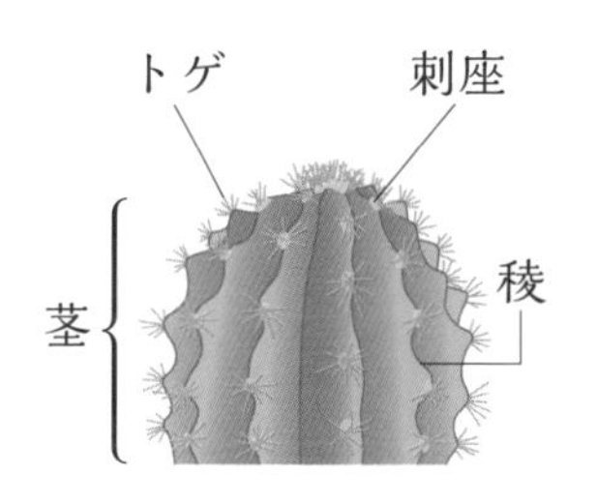

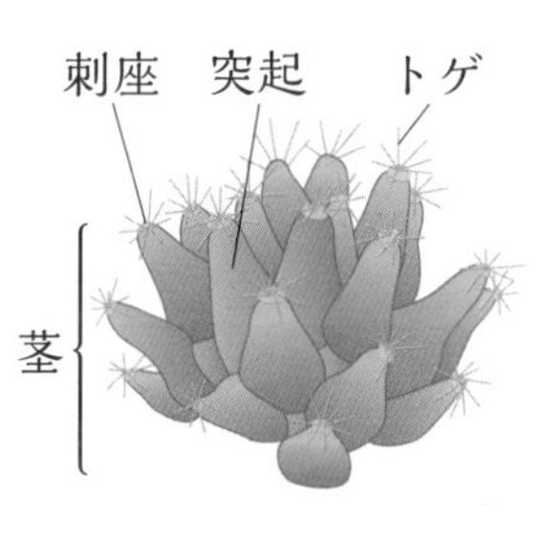

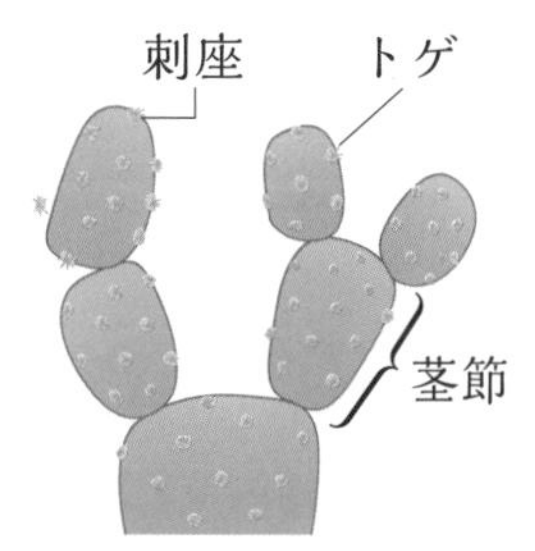

※刺座（とげざ・しざ）から毛（トライコーム）を生やすサボテンがある。
※ウチワサボテンの仲間の茎は、平べったく、節で区切られた形をしているので茎節という。

サボテンはすごい！ 過酷な環境を生き抜く驚きのしくみ 目次

第1章 そもそもサボテン・多肉植物ってどんな植物なんですか?

サボテンと多肉植物って何が違うの？

「サボテン」とは、サボテン科に含まれる植物のみを指す呼び方です。例えば、「アロエ」はサボテンだと思われがちですが、ススキノキ科の植物なので、サボテンではありません。

一方、「多肉植物」とは、葉や茎、根などに水分をたくさん含み、ふっくらと多肉質になっている植物の総称です。英語では「succulent plant」といい、直訳すると「水っぽい植物」となります。じつは多肉植物という言葉には植物分類学上の定義がなく、どの植物を多肉植物と呼ぶのかははっきりと定まっていません。多肉植物と呼ばれる植物は、トウダイグサ科やパイナップル科、マメ科、ススキノキ科などを含む約80科もあり、その数は約1万～1万2500種あるといわれています。

また最近は「コーデックス」と呼ばれる植物もあります。コーデックスという言葉にも植物分類学上の定義はなく、根や茎などが塊状になった一部の塊根植物・塊茎植物の総称です。ウルシ科やキョウチクトウ科、トケイソウ科、マメ科などに含まれる一部の植物が、コーデックスと呼ばれることが多いようです。

整理すると、「多肉植物」という非常に大きなグループに、「コーデックス」という小さなグループや、「サボテン」というサボテン科の植物群が含まれているイメージです（図1.1）。

しかしながら、例えばサボテン科のペレスキア・アクレアタ（*Pereskia aculeata*）は、一般的な樹木と似た外見をしており、多肉植物ではありませ

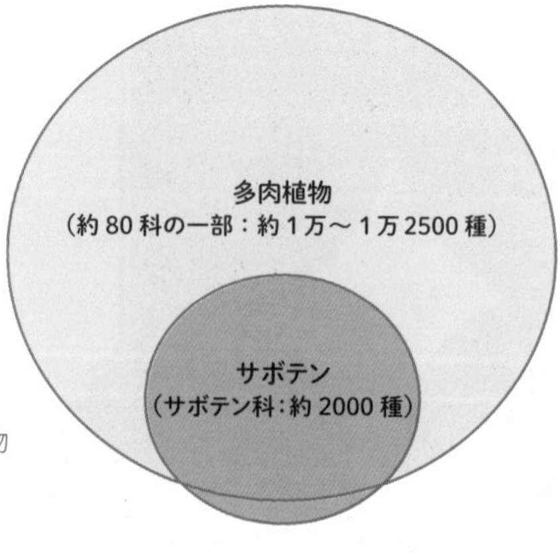

多肉植物
（約 80 科の一部：約 1 万～ 1 万 2500 種）
サボテン
（サボテン科：約 2000 種）

図1.1　サボテンと多肉植物

ん。なので、「多肉植物ではないサボテン」も存在します。

サボテンはどこに住んでいる？

「サボテンは砂漠など乾燥した地域に生えている」というイメージを持っている方は多いと思います。しかしながら、じつはサボテンの暮らす環境は多岐にわたっており、チリのアタカマ砂漠のような極度に乾燥した砂漠、雨量が多く湿度の高い熱帯雨林、気温が氷点下になる4500 m以上の高地など、さまざまな気候で生育しています。

サボテンの原産地は主に南北アメリカで、北はカナダ（北緯約55度）から南アメリカの南端部にあるフエゴ島（南緯約55度）までと、非常に広い地域に分布しています（図1.2）。特にメキシコ全域、ブラジル東部、そしてアルゼンチン北部・ボリビア・ペルーからなるアンデス山脈地帯は、自生するサボテンの種数が非常に多く、「サボテンのホットスポット」と呼ばれています。

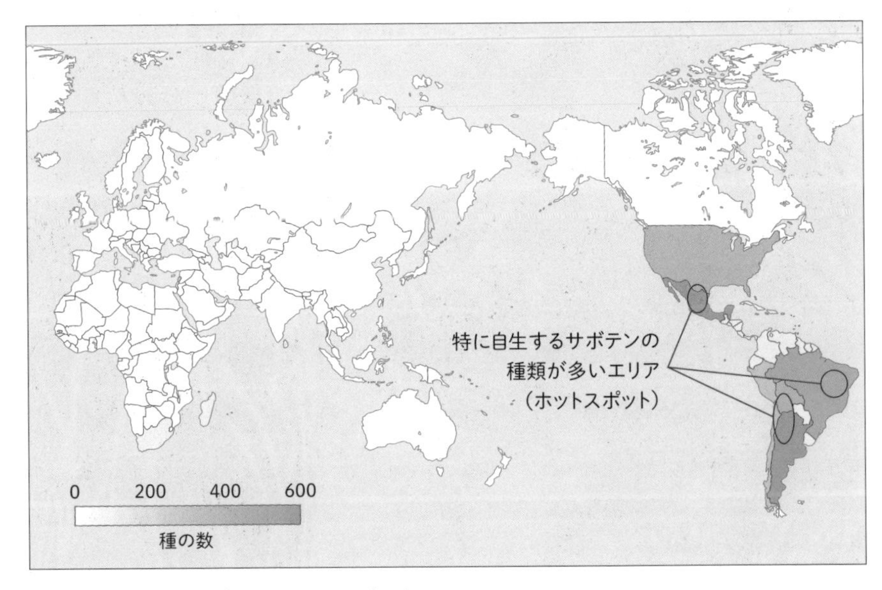

図1.2　サボテンの原産地とホットスポット
Novoa A et al.（2015）を参考に作成。

基本的にサボテンの原産地は南北アメリカですが、1種の例外がリプサリス・バッキフェラ（*Rhipsalis baccifera*）です（図1.3）。リプサリス・バッキフェラは熱帯雨林など、非常に多湿な環境で育つ着生サボテンで、高木など他の植物の枝に固着して成長します。

不思議なのは、このサボテンが南北アメリカの熱帯全域に加え、南アフリカやマダガスカル、スリランカでも発見されていることです。食用や家畜飼料などには利用されないため、人の手で運ばれた可能性は低いと思われます。

このサボテンの果実には粘着質の種子が入っていて、さまざまな動物に食べられます。そのため、数千年前に果実が渡り鳥に食べられ、あるいは種子が鳥に付着して、各地域に運ばれたのではないかと考えられています。しかしながら、鳥などの動物に食べられたり、粘着質の種子をつくったりするサボテンは他にもたくさんあります。なので、なぜリプサリス・バッキフェラだけが世界中に広まっているのかは、長年の謎となっています。

図1.3　リプサリス・バッキフェラ（*Rhipsalis baccifera*）
写真：イメージマート

後述しますが、ウチワサボテンなどいくつかのサボテンは外来種として、もともとの自生地（植物が自然環境下で発生し生育している地域）ではない地域、例えばアフリカやヨーロッパ、東南アジアにも定着しています。また、観賞植物や庭木として栽培されていた種が野外で繁殖する例も報告されており、現在ではサボテンは世界中に分布していると考えられています（おそらく、サボテンが野外で見つからない国のほうが少ないと思われます）。

サボテンは何種類いるの？

サボテンも他の植物と同様に、以前は主に花や茎の特徴（形態）によって分類していましたが、現在はDNA配列の類似性にもとづく分類が主流になっています。この分類方法について少し紹介します。

ある生物が生きるために必要な遺伝情報の全体を「ゲノム」といいます。具体的には、遺伝物質DNA（デオキシリボ核酸）を構成する4つの塩基であるA（アデニン）、T（チミン）、C（シトシン）、G（グアニン）がどういう順番で並んでいるかという情報です。ゲノムは非常に長いDNAの鎖によって構成されていますが、このDNA塩基配列のなかには、サボテンの種によって配列の異なる部分があります。この配列の違いを利用することで、異なる種のサボテン同士を区別することができます。ちなみに、ある生物がもっている塩基の数をゲノムサイズといい、数える単位は「塩基対」で表されます（例えば、私たちヒトのゲノムサイズは約30億塩基対）。

サボテン科に含まれる属や種の数は、DNA配列を利用した分類でもいまだに流動的です。例えば、2013年に出版されたサボテンの図鑑として有名な書籍『The New Cactus Lexicon 2nd edition』では、127属約1500種に分類されていますが、その本の著者らは「サボテンの分類としては完成からはほど遠い」と自己評価しています。2015年に出版された書籍『Taxonomy of the Cactaceae』では177属約2000種、また同年に発表された研究報告では130属約1900種とされています。

したがって現時点では、サボテンの種数は1500〜2000種程度と考えられます。また、園芸用に改良された品種なども含めると8000種を超えるといわれていますが、正確な数はわかっていません（品種の数は増え続けていますし、世界で栽培された品種をすべて調べて数えたデータはないと思われます）。

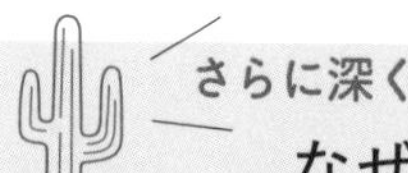

さらに深く

なぜサボテンの種数は定まらない？

DNA配列を利用した分類で属数や種数が定まらない要因はいくつかあり、そのひとつに、分類に使用するDNA配列の位置や長さが挙げられます。例えば、2011年に発表されたサボテン科内の類縁関係を調査した研究報告では、分類に利用したDNA配列の長さは合計で6148塩基対です。サボテンのゲノムサイズは種により大きく異なり、例えばペレスキア・グランディフォリア（*Pereskia grandifolia*）は約9億6000万塩基対、コンソレア・ファルカタ（*Consolea falcata*）は約38億塩基対と報告されています。分類に使用している配列は、ゲノム全体の長さに比べると非常に短い（全ゲノムの1万分の1以下）ことがわかります。分類に使用する配列の場所や長さが異なれば、分類結果も変わります。

さらに「どの程度の配列差があれば別種とするのか」や「DNA配列に加えて自生地の分布なども分類する際に考慮するのか」といった条件によっても結果は変化します。

また、DNA配列による分類を行なうためには、対象となる種からDNAを採取する必要があります。私の個人的な経験ですが、サボテンからDNAを抽出するのは他の植物と比べてとても難しい作業です。

しかしながら、形態（外見）での分類が難しいサボテンにおいて、DNA配列の利用は、分類に加えて、サボテン間の類縁関係を調べるのにも非常に有効な手段となっています。この10年間でDNAの解析技術は著しく進歩し、より広いDNA領域を用いたサボテンの分類なども提唱されています。今後の研究により、サボテンの種類や進化の謎は少しずつ明らかになっていくと思われます。

見た目でサボテンを分類するのは難しい――APG分類体系

1980年代頃からDNAの配列情報を用いた分子系統解析が可能になり、被子植物の系統関係がこれまでよりも詳しく明らかになってきました。しかしその結果、それまで使用されてきた分類体系と合わないところが随所で見つかり、新たな知見にもとづいた分類体系が必要となりました。これを受け、国際プロジェクトである被子植物系統研究グループ（Angiosperm Phylogeny Group、略称APG）が、被子植物に関する世界中の研究成果を集積して体系化したものが、現在広く使用されているAPG分類体系です。

これにより、分類におけるこれまでの常識がいくつも覆されました。例えば、APG分類体系が普及する以前は、花の形態（花弁や雌しべの形状、雄しべ・雌しべの数など）を重視する分類方式が一般的でした。しかし、花弁の形状にもとづいて植物を分類すること（離弁花類と合弁花類に分けること）には、進化的な意味がないことが示されました。

また、多くの植物種で、所属する科が変わりました。アロエはアロエ科からススキノキ科に変わり、トウダイグサ科に含まれていた多くの植物がミカンソウ科とピクロデンドロン科に移りました。

このように、植物の古典的な分類法は、分子系統解析で得られた結果（APG分類体系）と一致しないことが多々あるのですが、サボテンの場合はそれが顕著です。例えば、1988年に出版された『サボテン科大事典』では、サボテンは266属約2450種に分類されています。現在提唱されている属数・種数と大きな開きがありますが、サボテンは形態による分類が難しいことが一因になっていると思われます。

サボテンなどの多肉植物は、押し花のように標本を残せない（多肉質の茎が腐ってしまう）ので、そもそも標本を用意して、類似する種と比較することが困難です。また、サボテンは同じような姿をしたものが多く、しかもその形態は環境条件や個体の年齢によって変化します。例えば、トゲの密度や長さは非常に変化しやすく、同じ種でも環境の違いによってまったく別種のように変化するため、基本的に分類の判断材料には使えません（図1.4）。旧分類でよく使用された、花を得るのも困難です。数年で開花するサボテンもありますが、長いものだと花が咲くのに20年以上かかります。

私もサボテンの分類を依頼されることがよくありますが、外見のみでサボテンの種を特定するのはほとんど不可能です。このような理由から、サボテンの分類においては、DNAの配列情報の利用が非常に有効な手段になっています。

図1.4　同種でも、年齢が異なると外見が大きく変わる（ロフォフォラ・ウィリアムシー（*Lophophora williamsii*））
（左）発芽後2〜3年の個体、（右）発芽後10年以上経過した個体。

サボテンの名前と分類

生物の呼び名には、いろいろな種類があります。私たちが日常生活で使用している生物の名前を「慣用名」（例えば「サクラ」）、日本で使われている生物名を「和名」（例えば「ソメイヨシノ」）と呼びます。しかし、慣用名は科学的議論の場合は混乱を引き起こすことがありますし（「サクラ」という慣用名は複数の種を含んだ表現）、和名も日本語のため、海外では通用しません。

世界中の人が誤解なく共通して使えるように、各生物に与えられた名前を「学名」といいます（学名は国際的に決められた命名規約により規定）。なお、学名は世界中の人が公平に使用できるように、現在どの国でも用いられていないラテン語が使用されています。

サボテンで例を挙げると、「サワロサボテン（サワロ）」が慣用名、「ベンケイチュウ」が和名、そして「*Carnegiea gigantea*」が学名になります。学名（ラテン語）の読み方には特に決まりがなく、それぞれの自国語の読み方で発音されるのが普通です。日本ではそのままローマ字読みすることが多く、例えば「*Carnegiea gigantea*」は「カルネギア・ギガンテア」となります。

現在使用されている学名は「属名＋種小名」から成り、種の名前が2つの語で構成されることから、二名法と呼ばれています（図1.5）。例えば、イネの場合は「*Oryza sativa* L.」という学名が与えられています。最初の「*Oryza*」という語が属名、次の「*sativa*」は種小名です。最後の「L.」はLinnaeusの省略形で、イネの学名の命名者を表します。命名者の部分はしばしば省略され、植物図鑑や植物園の展示でもよく「属名＋種小名」のみで表記しています。

和名	属名	種小名	変種名	品種名
ベンケイチュウ	*Carnegiea*	*gigantea*		
ヒボタン	*Gymnocalycium*	*mihanovichii*	var. *friedrichii*	cv. *Hibotan*
ヒボタンニシキ	*Gymnocalycium*	*mihanovichii*	var. *friedrichii*	cv. *Hibotan-Nishiki*

属名の違いで同じ仲間かどうか判断できる。
「var.」は「variety（変種）」の略語。
「cv.」は「cultivar（品種）」の略語。
ヒボタンとヒボタンニシキは同種だが、品種が異なる。

図1.5　サボテンの名前

種よりも下位の分類階層も存在します。種として区別するほどの大きな差異はないが、自生地が地理的にとても離れている場合（地理的な隔離がある場合）には「亜種」が使用されます。さらに亜種の下位の階層として、「変種」や「品種」が使われることがあります。しかし「変種」と「品種」をどのような場合に使い分けるかについては、明確な基準がありません。

次に、種よりも上位の分類について見てみましょう（図1.6）。似たような特徴をもつ種は、同じ「属」に分類されます。例えばオプンティア・フィクスインディカ（*Opuntia ficus-indica*）は、オプンティア・ロブスタ（*Opuntia robusta*）、オプンティア・ミクロダシス（*Opuntia microdasys*）などが所属するオプンティア属（*Opuntia*）に分類されます。

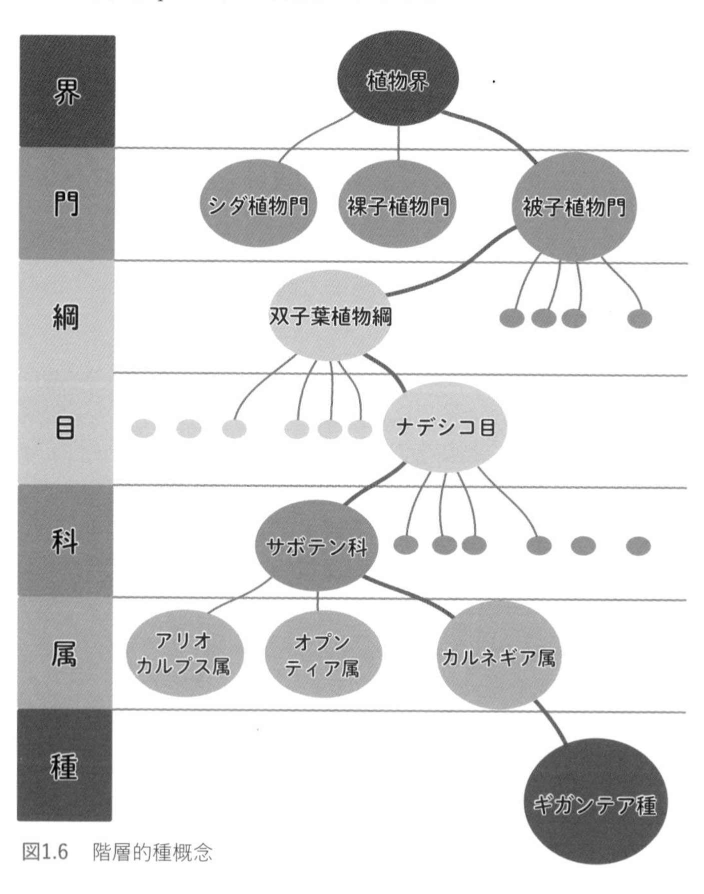

図1.6　階層的種概念

属の上にも分類階級が設けられており、関連した属をまとめたものは「科」と呼ばれます。しかし、サボテンの場合は種数が多いため、「属」と「科」の間に「亜連」「連」「亜科」が設けられています。科の上位にも分類階級があり、いくつかの科をまとめたものを「目」と呼びます。さらに目は「綱」に、綱は「門」に、門は「界」にまとめられます。

このように生物の分類は、大きな単位から小さな単位へ向かって、界＞門＞綱＞目＞科＞（亜科）＞（連）＞（亜連）＞属＞種＞（亜種）＞（変種・品種）という順序で階層的にまとめられています。例えば、先ほどのカルネギア・ギガンテア（*Carnegiea gigantea*）の階層構造を示すと、植物界＞被子植物門＞双子葉植物綱＞ナデシコ目＞サボテン科＞カクタス亜科＞カルネギア属（*Carnegiea*）＞ギガンテア（*gigantea*）となります。

サボテンの4つの亜科

先述のように、近年の報告でもサボテン科の属数や種数には幅がありますが、サボテン科はコノハサボテン亜科（Pereskioideae）、マイフエニア亜科（Maihuenioideae）、ウチワサボテン亜科（Opuntioideae）、カクタス亜科（Cactoideae）の4つの亜科で構成されるという点は共通しています。それぞれの亜科の概要を見てみましょう（属数と種数は『*The New Cactus Lexicon 2nd edition*』より引用）。

コノハサボテン亜科は、ペレスキア属（*Pereskia*）の1属に含まれる約20種からなるグループです。書籍や論文によっては、レウエンベルギア属（*Leuenbergeria*）もこの亜科に加えられます。コノハサボテン亜科に含まれるサボテンの多くは、薄くて幅の広い葉と木質の幹をもつ低木で、トゲをもつこと以外、見た目は一般的な樹木とほとんど変わりありません（図1.7）。多肉質なサボテンのイメージとはまったく違う外見であるため、一見しただけではこれらがサボテンとは気がつかないかもしれません。多くの植物と同じように通常の光合成を行ない（第3章参照）、乾燥に対する耐性もそれほど高くないため、比較的降水量の多い森林地帯に分布しています。

マイフエニア亜科に含まれるのはマイフエニア属（*Maihuenia*）の1つだけで、種もマイフエニア・パタゴニカ（*Maihuenia patagonica*）とマイフエニア・ポエピギ（*Maihuenia poeppigii*）の2種しかありません。どちらのサボテンも、短く太い葉をもちます。また、成長すると群生して、背の低いクッションマットのような外見になり、体の大部分は地中に埋まります（図1.8）。両種はパタゴニア地方とアンデス山脈南部に分布しており、このような姿は、冷たく乾燥した気候への適応と考えられています。

図1.7　コノハサボテン亜科
（ペレスキア・アクレアタ（*Pereskia aculeate*））

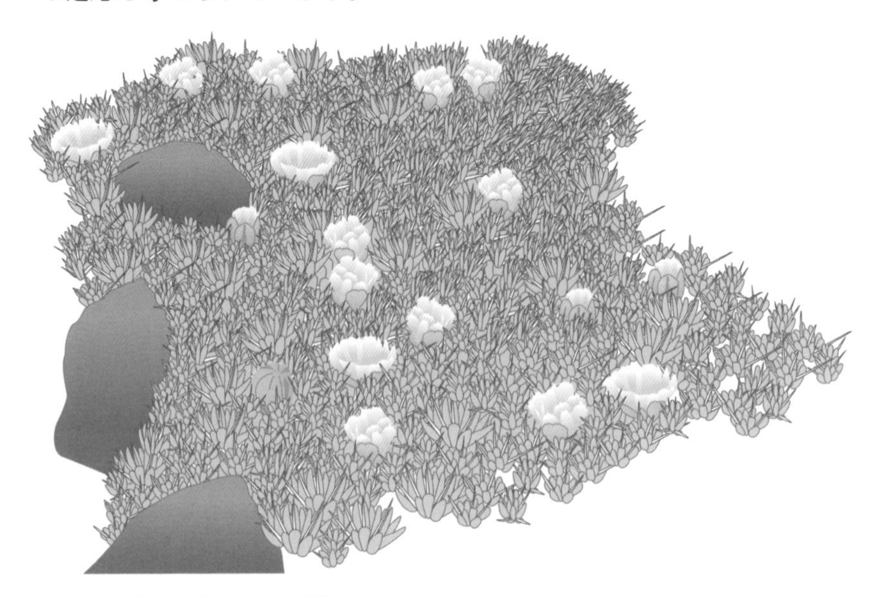

図1.8　マイフエニア亜科

ウチワサボテン亜科は約20属と約300種を含み、その多くが団扇のような茎節（平たく、節で区切った形をした茎）を積み重ねたような外見をしていることから「ウチワサボテン」と呼ばれます（図1.9）。ウチワサボテン亜科の特徴は、多くの種が芒刺と呼ばれる短いトゲをもつことです。芒刺は、少し触っただけでも離脱します。また、若い茎節上に、小さいながらも肉眼で確認できる葉をつける種もあります。ウチワサボテン亜科のうち数種は、茎節や果実を利用する作物として、世界の広い地域で利用されています（第5章参照）。

図1.9　ウチワサボテン亜科
（オプンティア・マクロセントラ（*Opuntia macrocentra*））

カクタス亜科は約100属と約1200種を含む最大の亜科です。非常に種類が多いため、玉型、柱型、ロゼット型、ひも状、群生するものなど、形が多様です（図1.10）。成長しても高さが3cmに満たないものもあれば、12mを超えるものまで、大きさもさまざまです。読者の皆さんが園芸店やホームセンターで見るサボテンのほとんどは、カクタス亜科に含まれていると思います。

図1.10　カクタス亜科
（フェロカクタス・キリンドラセウス
（*Ferocactus cylindraceus*））

ちなみに、現在はコノハサボテン

亜科に含まれることが多いレウエンベルギア属（*Leuenbergeria*）や、カクタス亜科に含まれるブロスフェルディア属（*Blossfeldia*）を、新しい亜科として独立させることも一部の研究者から提唱されています。マイフエニア属（*Maihuenia*）も現在は独立した亜科（マイフエニア亜科）に含まれていますが、以前は別の亜科（コノハサボテン亜科やウチワサボテン亜科）に属するものとして扱われていました。現在はサボテン科に含まれる亜科は4つとするのがスタンダードですが、今後は増えていくかもしれません。

サボテンにはどんな特徴がある？

サボテン科には1500〜2000もの種がありますが、すべての種が刺座（とげざ・しざ）（英語では「*areole*（アレオーレ）」）と呼ばれる、サボテン科特有の器官をもっています（図1.11、1.12）。この刺座からは、新しい茎、葉、トゲ、毛（トライコーム）、花などが発生します。刺座は一般的な腋芽（えきが）と同じものだと考えられてきましたが、現在ではトライコームで覆われた短枝（枝が非常に短く

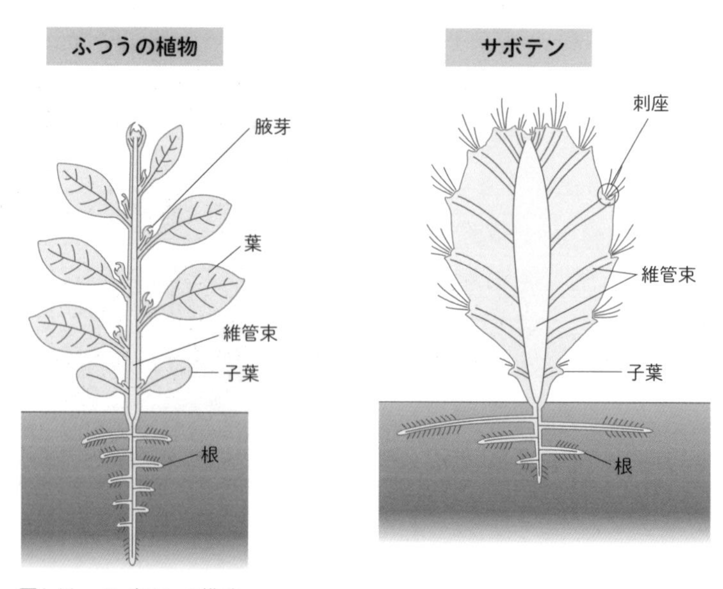

図1.11　サボテンの構造

なったもの）の一種と認識されています。

刺座にはいくつかの種類があります。サボテン科の植物のうち約85％では、花やトゲは刺座内のほぼ同じ場所から発生します。このような刺座を単形型（monomorphic areole）と呼びます。残りの約15％は、偽二形型（pseudo-dimorphic areole）や二形型（dimorphic areole）と呼ばれる刺座をもち、花やトゲが発生する位置が明確に離れているのが特徴です。

例えば、マミラリア属（*Mammillaria*）の刺座は二形型で、トゲは茎にある突起（tubecle）の先端に、花は突起の基部につきます。また、エスコバリア属（*Escobaria*）やコリファンタ属（*Coryphantha*）、ネオロイディア属（*Neolloydia*）は、偽二形型の刺座をもっています。これらのサボテンでは、二形型の刺座ほど明確ではありませんが、トゲが発生する場所と花や茎が発生する場所が少し離れています。

このようにすべてのサボテンは刺座をもちますが、形態や構造には多様性が見られます。

図1.12　サボテンの刺座
茎節表面に多数の刺座が確認できる。
（左）オプンティア・フィクスインディカ（*Opuntia ficus-indica*）
（右）テフロカクタス・ゲオメトリクス（*Tephrocactus geometricus*）

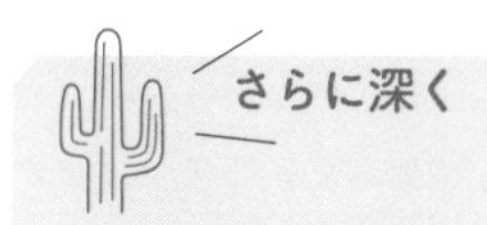

刺座の由来

刺座の由来が芽（腋芽）でなく枝（短枝）であると考えられるようになった根拠の例として、以下が挙げられます。

(1) ほとんどの双子葉植物は、腋芽が成長して開花すると鱗片葉（芽を保護するうろこ状の小さな葉）が落ちます。そのため、花や果実が落ちた後、腋芽があった場所には果柄の痕跡などしか残りません。しかしサボテンの場合は、刺座から花が咲き、果実が落ちた後も、トゲは抜け落ちず刺座に残っています（刺座が腋芽に由来するなら、トゲも脱離すると予想される）。

(2) ミルチロカクタス属（*Myrtillocactus*）、レピスミウム・クルキフォルメ（*Lepismium cruciforme*）、パキケレウス・ガテシ（*Pachycereus gatesii*）、パキケレウス・マルギナツス（*Pachycereus marginatus*）、パキケレウス・スコッティ（*Pachycereus schottii*）、リプサリス・ルッセリー（*Rhipsalis russellii*）などでは、ひとつの刺座から複数の花が咲きます（刺座が腋芽に由来するなら、花はひとつしか咲かないと予想される）。

(3) ネオライモンディア属（*Neoraimondia*）は数年にわたり、毎年ひとつの刺座から多数の花を咲かせます（刺座が腋芽に由来するなら、ひとつの刺座からは花は1回しか咲かないと予想される）。さらに、ネオライモンディア属の刺座は花を発生させるたびに伸びて、見た目にも「短い枝」のようになります（図1.13）。樹齢の長い個体の刺座は最大で85 mm程度にまで伸び、内部には一般的な植物の枝に見られる構造が観察されます。

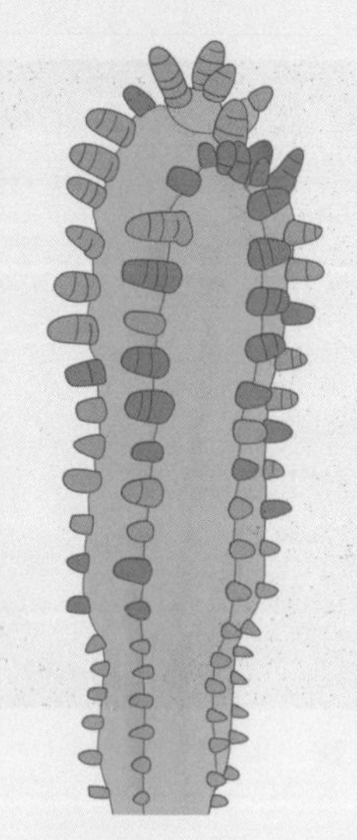

図1.13　ネオライモンディア・ロゼイフロラ（*Neoraimondia roseiflora*）の刺座

サボテンはどこからやってきた？——サボテンの起源と進化

現在は世界中に分布しているサボテンですが、最初のサボテンはいつどこで誕生したのでしょうか？

サボテンの大部分は、木質部と呼ばれる堅い部分が少ないため、化石が残りません。そのため、進化の道筋を推定するためには、現存しているサボテンや他の植物に含まれる分子（遺伝子の塩基配列や、タンパク質のアミノ酸配列）を利用します。植物は、時間経過に比例して、一部の遺伝子の塩基配列が変化します。この性質を利用し、変異の程度（塩基配列の違いな

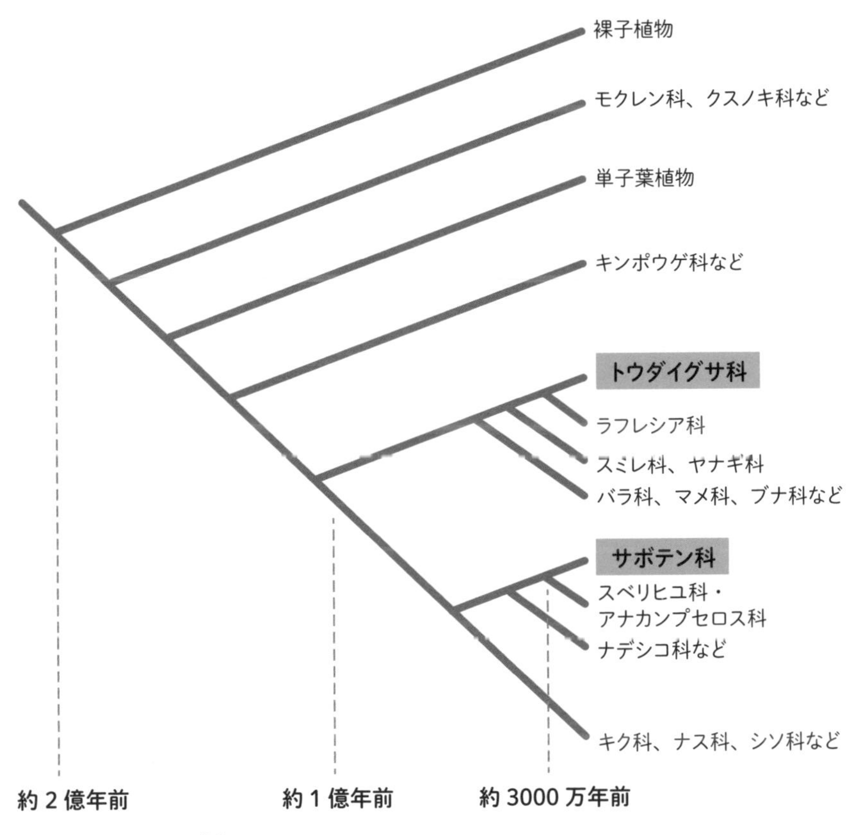

図1.14　サボテンの進化

ど）を比較することで、異なる植物種同士がどのくらい前に分化したのかを推定できます。つまり、あるサボテンと別種のサボテンとの遺伝子の塩基配列を比較することで、それらがどのくらい近しい関係にあるのか、また、いつ頃に別の種に分かれたのかを推定できます。さらに、サボテンと同じナデシコ目の植物なども利用することで、サボテンがいつ頃に出現したのかも予測できます（図1.14）。

最近の研究では、サボテンは3000万年から3500万年前に、現在のチリ北部やアルゼンチン北西部、ボリビア南部を含む、中央アンデス地域で生まれたと考えられています（図1.15）。ちなみに、この地域は現在でも、サボテンの種類が非常に多いホットスポットとなっています。当時の地形は現在とは異なっており、アンデス山脈の標高は現在ほど高くなく、また、南北アメリカも陸続きではありませんでした。

図1.15　サボテンが発生したと思われる地域

最初のサボテンは、現在のチリ北部やアルゼンチン北西部、ボリビア南部を含む中央アンデス地域に出現したと考えられている。

2014年に発表された、108属224種のサボテンを用いて分子系統解析を行なった研究では、最初のサボテンは約3210万年前に誕生し、その後、コノハサボテン亜科が約2040万年前、マイフエニア亜科が約1990万年前、ウチワサボテン亜科が約1850万年前、カクタス亜科が約1720万年前に出現したと推計されています。

またこの報告では、カクタス亜科内の主要なグループが発生した年代も推計されています。例えば、コピアポア属（*Copiapoa*）は約1230万年前、アズテキウム属（*Aztekium*）は約1190万年前、フェロカクタス属（*Ferocatus*）は約1010万年前、アリオカルプス属（*Ariocarpus*）は約950万年前、パキケレウス属（*Pachycereus*）やカルネギア属（*Carnegiea*）、ステノケレウス属（*Stenocereus*）などは約590万年前です。

このような最近の研究報告にもとづくと、多くの園芸書で見かける「ウチワ型のサボテンは、玉型や柱型のサボテンに比べると古い時代に出現した」という記述は必ずしも正確でないことがわかります。たしかにウチワサボテン亜科が現れた年代はカクタス亜科よりも前ですが、それぞれの亜科のなかではその後も種分化が進んでいます。例えば、ウチワサボテン亜科の代表的な属であるオプンティア属（*Opuntia*）やノパレア属（*Nopalea*）は、2014年の報告では約570万年前に出現したと推計されており、多くの玉型や柱型サボテンよりも遅く出現したと考えられています。

ちなみに、サボテン科と同じく多肉植物を多く含むトウダイグサ科は約3600万年前、ハマミズナ科は約3200万年前、ディディエレア科は約2800万年前に出現したと推計されており、比較的近い年代となっています。

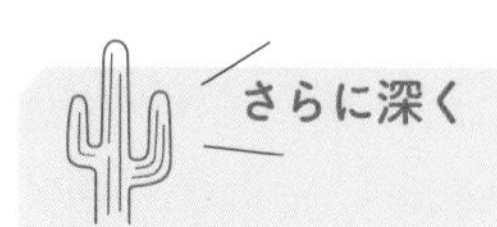

サボテンの親戚

サボテン科に最も近縁な植物はスベリヒユ科（Portulacaceae）であると長らくいわれてきました。しかし、最近のDNA配列を用いた分子系統解析により、スベリヒユ科に加えて、アナカンプセロス科（Anacampserotaceae）もサボテン科の姉妹群（最も近縁な系統群）となることが複数の研究で報告されています。

アナカンプセロス科は比較的最近（2010年頃）に新しくつくられた科で、以前は多くの種がスベリヒユ科に含まれていました。

スベリヒユ科とアナカンプセロス科のどちらがよりサボテン科と近縁であるかは、今後の研究により明らかになっていくと思われます。

サボテン繁栄のきっかけとなった出来事
——乾燥化とCO_2濃度の低下

南アメリカの限られた地域で発生したサボテンは、どのように種類を増やし、そして各地に広まっていったのでしょうか？

これまでに行なわれた分子系統解析により、サボテンの種類が増えた年代は、特に1000万年から1500万年前に集中していることがわかっています。この年代は、中新世（約2300万年～約500万年前）にアンデス山脈の隆起など地形の変化に伴って南北アメリカの乾燥地域が拡大した時期と一致しています。

さらに、中新世の後期には、大気中の二酸化炭素（CO_2）濃度も減少しています（1500万年前から800万年前にかけて、200～400 ppm程度減少したと予測されています。ちなみに現在の大気中CO_2濃度は約400 ppm）。

大気中のCO_2濃度が減少すると、植物が光合成に必要なCO_2を体内に取り入れるためにはより長い時間気孔を開く必要があります（または、気孔の数を増やす必要があります)。しかし、気孔を長く開くことは、体内から失われる水の量(蒸散量)の増加につながります。したがって大気中CO_2濃度の低下は、乾燥に強いサボテンのような植物には有利な環境をもたらしたと考えられています。

また、サボテンの多様化や繁殖範囲の拡大には、虫や鳥など他の生物も影響しています。花を咲かせる植物の多くが、花粉の運搬(送粉)を虫や鳥たちに頼っており、サボテンも例外ではありません。花粉の運搬を担う動物(送粉者)は、その種類によって姿や性質が異なります。このため、異なる送粉者を利用するサボテンは、それぞれが利用する送粉者の性質に応じて、別々の形質に進化したと考えられます(このような、送粉者の種類と花の形質との対応関係を「送粉シンドローム」と呼びます)。例えば、日中に赤い花を咲かせるサボテンはハチドリが送粉することが多く、夜に香りの強い花を咲かせるものは、コウモリや蛾に送粉を頼ることが多いようです。

さらに、サボテンの背の高さも受粉や繁殖の成功率に影響することがあったようです。例えば、植生のまばらな砂漠のような場所では、背が高いと花や果実がコウモリや鳥たちに発見されやすくなります。実際に、南米に分布するトリコケレウス連(Trichocereeae)や、北米に分布するパキケレウス連(Pachycereeae)に属する背の高い柱型のサボテンは、その多様化や分布拡大にコウモリや蛾、鳥などが大きく寄与したと考えられています。

南アメリカの限られた地域で過ごしていた初期のサボテンは、乾燥地域の拡大や大気中CO_2濃度の減少といった環境の変化に適応し、ときにはコウモリや鳥などの動物の力を借りながら、多様化と分布域の拡大を進めていったと考えられています。

サボテンはどのように増える?——サボテンの繁殖

サボテンは一般的な植物と同様に、種子によって繁殖(種子繁殖)します。サボテンの果実は甘い果肉をもつものが多く、主に鳥などの動物に食

図1.16　栄養繁殖するサボテン

べられることで種子が運ばれます。ブロスフェルディア属（*Blossfeldia*）やコピアポア属（*Copiapoa*）では、アリなどの昆虫によって果実や種子が運ばれることもあります。運ばれた先で種子が発芽し、成長することで分布域を拡大してきたと考えられています。

種子繁殖では、交配を通じて両親の遺伝子が混ざるため、両親とは性質の異なる多様な子孫が生まれます。そのため、環境が変化したときもそれに適した個体が残る確率が上がり、絶滅のリスクが少ないという長期的なメリットがあります。

また、多くのサボテンは、成長した植物体の一部からも繁殖が可能です（栄養繁殖）。例えば、ウチワサボテン亜科のオプンティア属（*Opuntia*）やキリンドロオプンティア属（*Cylindropuntia*）などは茎節が脱落しやすいのですが、落ちた茎節はそこで根を張って、再び大きく成長します（図1.16）。

アリゾナ州のソノラ砂漠などに自生するキリンドロオプンティア・ビゲ

図1.17　キリンドロオプンティア・ビゲロヴィー（*Cylindropuntia bigelovii*）
通称「ジャンピングカクタス」。
これは、アメリカのサワロ国立公園内にあった看板。

ロヴィー（*Cylindropuntia bigelovii*）は栄養繁殖を行ないますが、繁殖範囲の拡大にトゲを利用します（図1.17）。このサボテンは非常に鋭いトゲをもち、一度刺さると容易には抜けません。茎節が離脱しやすくなっているため、自身に触れた動物にトゲによって付着して移動し、落ちたところで根を張って生活を再開します。衣類などに刺さったサボテンを抜こうとしても手に刺さってくっついてくる様子から、「ジャンピングカクタス」の通称をもちます。

カクタス亜科のサボテンも茎の基部に子株をつくって群生するものがあり、これらの子株も親株から離脱した後にも成長します。離脱した茎は、種子に比べて非常に多くの水分を貯えており、離脱した茎の大きさにもよりますが、長いものでは1年以上の期間を水の供給なしで成長しつづけることができます。いくら乾燥に強いサボテンでも、種子から発芽したばかりの幼い個体は、水がなければ数週間も生存できません。

このように、栄養繁殖には種子繁殖に比べて短期的な生存率が高いという利点があります。しかしながら、種子繁殖とは異なり、遺伝子や性質は親とまったく同じクローンになります。

サボテンの生活環

図1-18は、ソノラ砂漠に自生するカルネギア・ギガンテア（*Carnegia gigantea*）の生活環を示したものです。

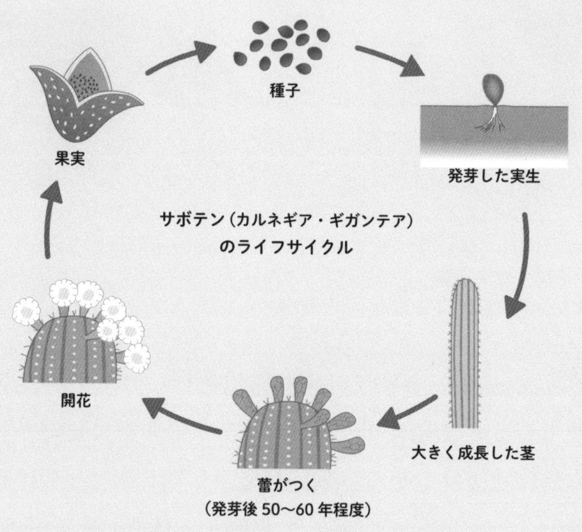

図1.18　サボテンの生活環

種子から発芽した個体は、1年に数cmから10cm程度という、ゆっくりとしたペースで成長します。発芽してから40〜60年が経ち、高さが2.5mぐらいになると初めて花を咲かせます。鳥やコウモリ、ハチなどの活動によって受粉し、種子をたくさん含んだ果実ができます。そして果実が鳥などの動物に食べられることで、種子が各地に運ばれます。

成長した個体は、毎年春頃に花を咲かせ、寿命が尽きるまでこのプロセスが繰り返されます（カルネギア・ギガンテアの平均的な寿命は125〜175年程度）。

また、このサボテンは栄養繁殖でも増えます。枝分かれした茎が地面に落ちると、落ちた茎から根や新しい茎が発生し、新たな個体へと成長します。

さらに深く

育種家の情熱

交配（種子繁殖）によって得られた種からは、斑入りなど、形や色が親と顕著に異なる個体が稀に得られるため、新しいサボテンをつくり出すという楽しみもあります。

日本で育種された品種としては、アストロフィツム属（*Astrophytum*）などが有名です。例えば、国内では「兜丸（カブトマル）」という名称で販売されているアストロフィツム・アステリアス（*Astrophytum asterias*）は、より白くなるよう育種された「スーパー兜」などの品種があり、海外でも高く評価されています（図1.19）。この品種は交配により、茎上にある白い毛（トライコーム）が多い個体を選抜することでつくられました。

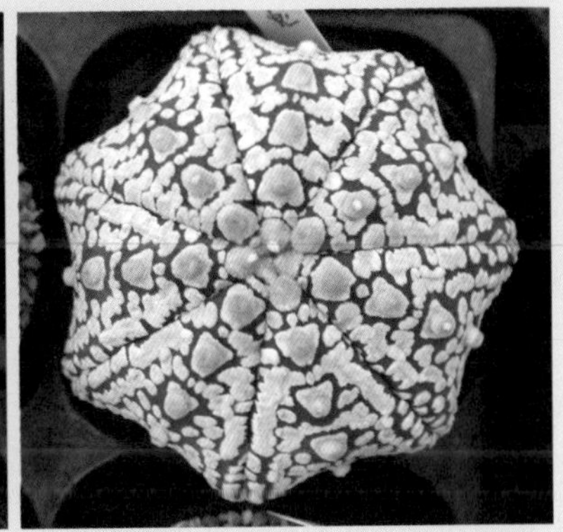

図1.19　兜丸（左）とスーパー兜（右）

サボテンとそっくりな植物がいる？

図1.20を見てください。一見するとサボテンに見えますが、じつはこれらの植物はサボテンではありません。

サボテンが現在のような形をしているのは、乾燥地などそれぞれの地域の環境に適応して進化してきたからです。しかし、乾燥地があるのは南北アメリカだけではなく、アフリカやアジアにも砂漠はあります。写真の植物は、トウダイグサ科（Euphorbiaceae）のユーフォルビア属（*Euphorbia*）の植物です。ユーフォルビア属は約2000種以上を含む非常に大きなグループで、アフリカ南部やマダガスカルに自生する種のいくつかは、外見がサボテンによく似ています。これは、それらの種が乾燥に適応して進化する過程で葉をなくして、茎で光合成を行なったり、茎を膨らませて水を貯えたりするといった性質を獲得し、結果的に縁が遠い植物（サボテン）と似た姿になったためです。このような現象を**収斂進化**（しゅうれんしんか）といいます。

サボテンとの見分け方としては、ユーフォルビア属の植物には刺座がありません（しかし、これで見分けるのは少し難しいと思います）。その他にも、ユーフォルビア属の植物には、花弁が退化している、トゲが二股になっているものが多い、体の中に白い乳液を含む、などの特徴があります。しかしながら、多くの場合、乳液は有毒で、触れると皮膚がかぶれたりするので注意してください。

図1.20　サボテンとそっくりなユーフォルビア
（左）ユーフォルビア・エノプラ（*Euphorbia enopula*）
（右）ユーフォルビア・アブデルクリ（*Euphorbia abdelkuri*）

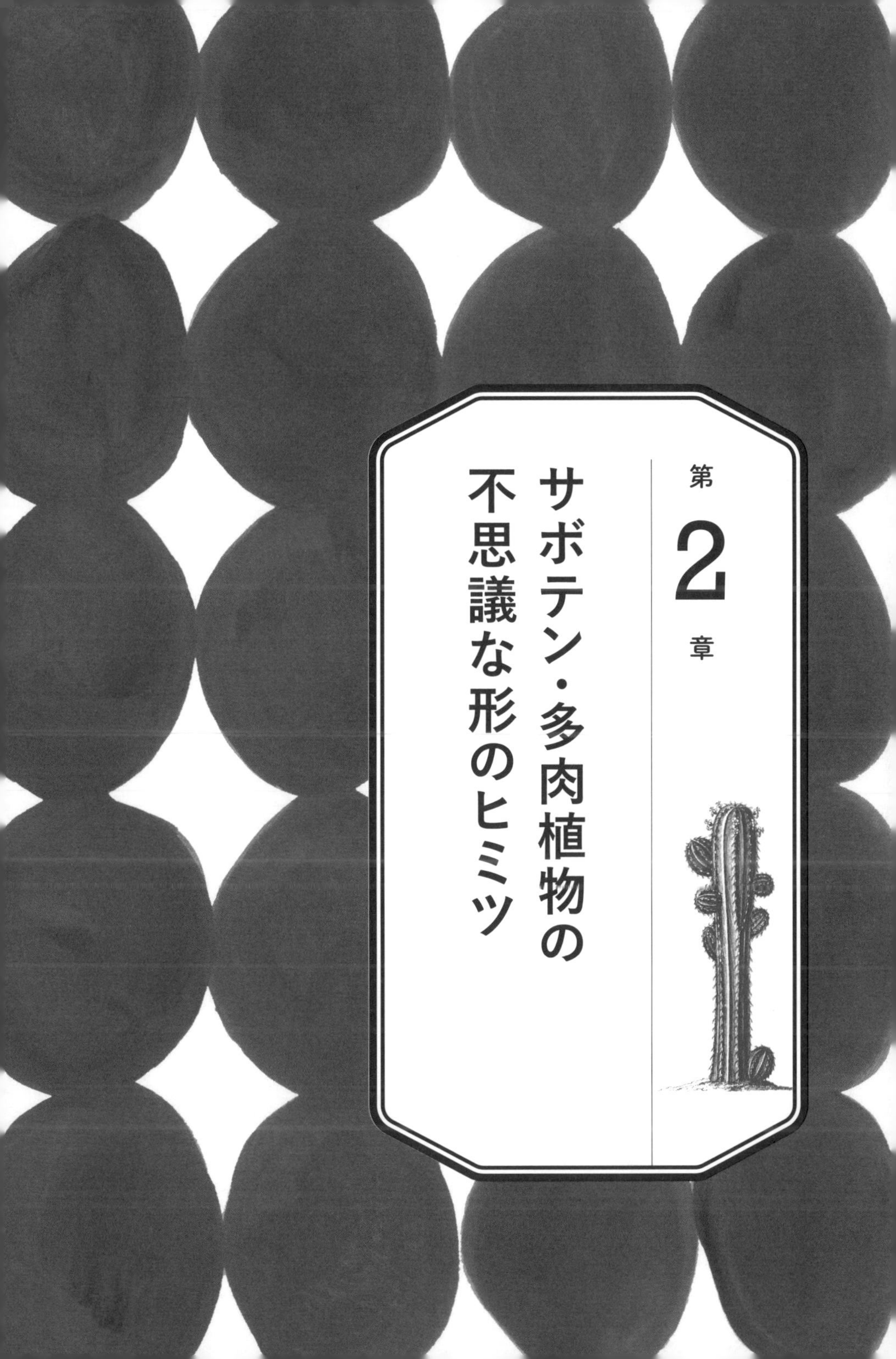

第2章
サボテン・多肉植物の不思議な形のヒミツ

サボテンが変わった形をしているのはなぜ？

サボテンにはいろいろな形のものがありますが、多くの種で共通する特徴もあります。それは、葉が退化しており、茎が水っぽく膨らんでいることです。これらの特徴には、どのような意味があるのでしょうか？

誕生したばかりのサボテン（初期のサボテン）は、現在のコノハサボテン亜科のような、一般的な樹木に近い外見をしていたと考えられています（図2.1）。しかし、前述のように南北アメリカの乾燥化やCO_2濃度の低下により、サボテンは乾燥した気候に適応する必要性に直面しました。乾燥地で生き残るためにサボテンが起こした変化のひとつが、葉を退化させることでした。葉を小さく退化させることで、植物体全体の表面積を小さくすることができ、体の表面から失われる水の量を減らすことにつながりました。葉を退化させたため、ほとんどのサボテンは光合成を茎で行なっています。

サボテンの茎が膨れているのも乾燥への適応です。肥大した茎の中に貯

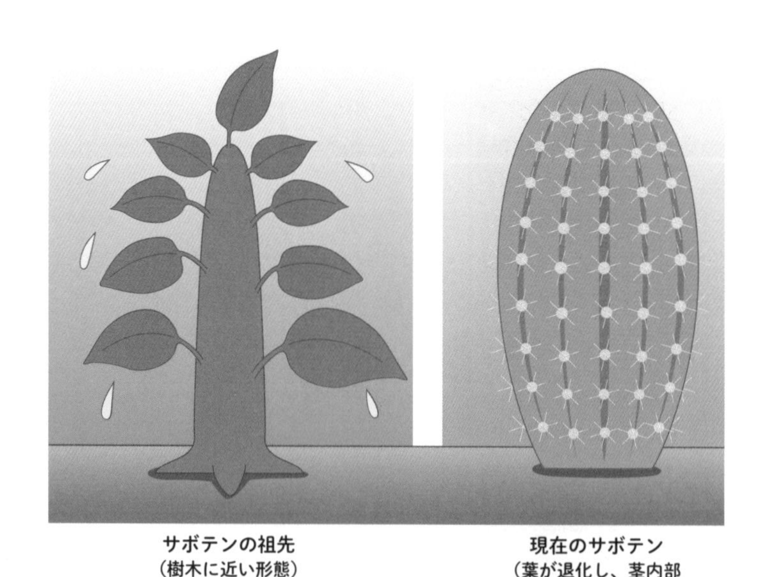

図2.1　葉を落とし、茎を太くしたサボテン

水組織が発達し、多量の水分を貯められるようになっています。サボテンの水分量（植物体重量に対する水分の割合）は、一般的な植物に比べて非常に高く、95%を超えることもあります。

サボテンはこれら以外にも、乾燥に適応した性質を多数備えており（後述）、数か月から数年間（長い場合は6年）も水の供給なしで生存できます。しかしサボテンによって姿形はさまざまです。例えば、前述のリプサリス・バッキフェラ（*Rhipsalis baccifera*）の茎はほとんど膨らんでいません。その理由は、このサボテンは降水量の多い熱帯雨林に分布するため、乾燥に備える必要がないためです。サボテンは生育環境に応じてさまざまな形に進化しています。次節以降で具体的な例を紹介します。

どんな形のサボテンがある？

日本では玉型、柱型、ウチワ型のサボテンが有名ですが、実際にはサボテンの形状は非常に多様性に富んでいます。2015年に発表された研究では、サボテンの代表的な形状を12のタイプにまとめています（図2.2）。しかしながら、これらに当てはまらないサボテンもたくさんあります。

例えば、リプサリス属（*Rhipsalis*）などの着生サボテンは、すだれのような形をしていますし、レウクテンベルギア・プリンシピス（*Leuchtenbergia principis*）は、まるでアガベ（リュウゼツラン属の多肉植物）のような外見をしています（図2.3。海外では「アガベカクタス」の通称）。また、ソノラ砂漠やバハ・カリフォルニア半島に分布する柱型サボテンのステノケレウス・サーベリ（*Stenocereus thurberi*）は、基部から枝分かれしているため「オルガンパイプカクタス」と呼ばれています（図2.4）。その他にも、アタカマ砂漠などに自生するブロウニンギア・カンデラリス（*Browningia candelaris*）は、まるでキャンドルスタンドのような形状です（図2.5）。

サボテンの形状は、その生態と非常に密接な関係があります。いくつか例を見てみましょう。

メキシコのバハ・カリフォルニア半島マグダレナ平原に自生するステノケレウス・エルカ（*Stenocereus eruca*）は、茎が這うように成長する特徴的な形態をしており、その姿から英語では「クリーピングデビル（creeping devil）」（「地を這う悪魔」の意）と呼ばれています（図2.6）。一見すると、背が低いため他の植物の影に入りやすく、光合成を行なううえでは不利に見えます。しかし、ステノケレウス・エルカは主に砂丘や砂質土壌の地域に分布しており、這うように横方向に成長すれば、砂に埋もれるのを防ぐことができ、生存に有利と考えられます。

図2.2　サボテンの代表的な形状（12タイプ）

図2.3　レウクテンベルギア・プリンシピス
(*Leuchtenbergia principis*)

図2.4　ステノケレウス・サーベリ
(*Stenocereus thurberi*)

図2.5　ブロウニンギア・カンデラリス
(*Browningia candelaris*)
写真：イメージマート

図2.6　ステノケレウス・エルカ (*Stenocereus eruca*)

図2.7　セレニケレウス・グランディフローラス
(*Selenicereus grandifloras*)

アルゼンチンやブラジルの熱帯雨林に自生する着生サボテンであるセレニケレウス属（*Selenicereus*）の茎の断面は、三角形や星形をしています（図2.7）。このサボテンは周囲の樹木や岩などの障害物をよじ登って成長するため、茎には軽さや柔軟性が求められます。三角形や星形をした茎は、茎の重量を軽くし、さらに柔軟性と強度を両立させるための仕組みと考えられています。

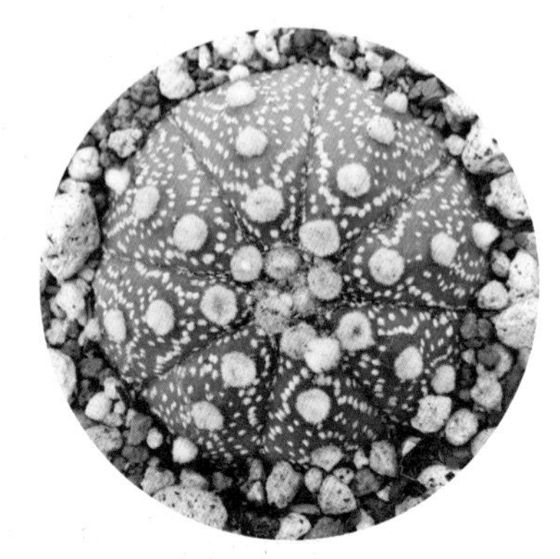

図2.8　アストロフィツム・アステリアス（*Astrophytum asterias*）

チリやアルゼンチンの高山帯（標高2000 m以上）に自生するマイフエニア・ポエピギ（*Maihuenia poeppigii*）や、カナダ南部に自生するオプンティア・フラギリス（*Opuntia fragilis*）などは、背が低く、クッションやマットのような外見をしています。背を低くすることで、強風を回避したり、雪の下に埋もれたりすることができ、冬季の低温に耐えるのに役立つと考えられています。高山など気温の低い地域に自生するサボテンには、このような形態を示すものが見られます。アメリカのアリゾナ州などに自生するアストロフィツム属（*Astrophytum*）やアリオカルプス属（*Ariocarpus*）にも、地中に体の大部分が埋まった状態で生活する種がありますが、これらは周囲の石の影に隠れて高温を回避していると考えられています（図2.8）。

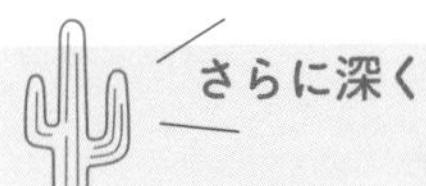

さらに深く

最大・最小のサボテンは？

最大のサボテンとしてよく名前が挙げられるのは、①カルネギア・ギガンテア（*Carnegia gigantea*）、②パキケレウス・プリングレイ（*Pachycereus pringlei*）、③ケレウス・ペルビアナス（*Cereus peruvianus*）の3種です。

カルネギア・ギガンテアは、1996年にアリゾナ州マリコパ群にある約17.5mの個体が「最も背の高いサボテン」としてギネス世界記録に認定されています（図2.9）。

図2.9　カルネギア・ギガンテア
（*Carnegia gigantea*）

図2.10　パキケレウス・プリングレイ
（*Pachycereus pringlei*）
写真：イメージマート

図2.11　ケレウス・ペルビアナス
（*Cereus peruvianus*）

図2.12　ブロスフェルディア・リリプタナ
（*Blossfeldia liliputana*）

しかし、2007年にはソノラ砂漠で発見されたパキケレウス・プリングレイ（約19.2m）がその記録を塗り替えています（図2.10）。

さらに2015年には、インドで庭木として栽培されているケレウス・ペルビアナスが約33.5mという長さを記録しています（図2.11）。しかしこのサボテンは支柱を立てて人工的に栽培されたもので、茎も非常に細長い形状をしています。自然環境下では自重で折れてしまうため、これほどの長さに成長することはないと思われます。

現在のところ、平均的な高さや容積から、パキケレウス・プリングレイを世界最大のサボテンとするのが一般的です。

一方、最小のサボテンは、ブロスフェルディア・リリプタナ（*Blossfeldia liliputana*）であるといわれています（図2.12）。ブロスフェルディア・リリプタナはアンデス山脈東部（ボリビア南部〜アルゼンチン北部）に自生し、成長しても直径が1.2cm程度にしかなりません（1円玉の直径が2cm）。日本でも観賞用として人気があり、「松露玉（ショウロギョク）」という和名で販売されています。

サボテンの変異体——斑入り種・綴化種・石化種

サボテンは発生・生育過程で色や形状に変異を起こすことがあり、特に斑入り（ふい）種、綴化（てっか）種、石化（せっか）種は観賞用として人気があります。

斑入りは、細胞に含まれる葉緑体が欠損することで、茎などの組織の一部が白や黄色、あるいは赤の模様になる現象です（図2.13）。サボテン以外にも、アサガオの花や観葉植物の葉など、非常に多くの植物で観察されます。

斑入りが起こる原因として、アサガオでは、トランスポゾン（ゲノム上の位置を移動するDNA配列）の作用により引き起こされることが明らかとなっています。その他の原因として、チューリップやペチュニアなど多くの花では、ウイルス感染により斑入りが誘発されることが報告されています。しかしながら、サボテンの斑入りが発生にする仕組みについては現在のところほとんどわかっていません。

綴化は、成長点（茎頂分裂組織と呼ばれる、細胞分裂が盛んなところ）の領域が異常に拡大することで、そこからつくられる茎（植物体）が通常とは異なる形状（扇状や帯状など）になる現象を指します（図2.14）。

綴化を引き起こす要因としては、細菌や線虫の感染、亜鉛などのミネラル不足、急激な温度変化などが、これまでに指摘されています。近年の研究では、ファイトプラズマの感染がサボテン科、ガガイモ科、キク科、トウダイグサ科の植物で綴化を引き起こす主要な原因のひとつであることが明らかとなっています。ファイトプラズマは植物に寄生して病害を起こす植物病原細菌で、昆虫を媒介して植物に感染します。ファイトプラズマに感染した個体では、茎の中に存在する植物ホルモン（植物の成長や細胞の変

図2.13　斑入りのサボテン
（左）ギムノカリキウム・ミハノビッチ（*Gymnocalycium mihanovichii*）の斑入り個体。
（右）オプンティア・モノカンサ（*Opuntia monocantha*）の斑入り個体。

図2.14　綴化したサボテン
（左）モンビレア・スペガジニー（*Monvillea spegazzinii*）の綴化個体。
（右）エキノカクタス・グルソニー（*Echinocactus grusonii*）の綴化個体。

化などを調節する物質）の量が大きく変化することが報告されており、ファイトプラズマ感染による代謝異常により綴化が引き起こされるのではないかと考えられています。

石化は、通常は成長を停止している茎上の刺座が成長を開始することで、植物体全体がゴツゴツとした形状になる現象です（図2.15）。一般的に、植物の側芽や側枝（茎や幹の側方にある芽や枝）の成長は頂芽（茎や枝の最先端にある芽）によって抑えられており、この現象を「頂芽優勢」と呼びます。サボテンの刺座は植物の短枝（枝が非常に短くなったもの）の一種なので、茎に存在する刺座の成長は通常、頂芽優勢により抑制されています。石化とは、何らかの原因によりこの頂芽優勢が起こらなくなった（弱くなった）ために起きる現象と考えられています。しかしながら、詳細なメカニズムは現在のところわかっていません。

図2.15　石化したサボテン
（右）ロフォケレウス・スコッティ（*Lophocereus schottii*）の石化個体。
（左）ケレウス・ハンケアナス（*Cereus hankeanus*）の石化個体。

その他にも、茎がねじれ曲がったものなど、サボテンの変異体はいろいろあります（図2.16）。

図2.16　ケレウス・ジャマカル（*Cereus jamacaru*）の変異体

ちなみに、綴化は英

語でクレスト（crest：「鳥のトサカ」の意）、石化を英語でモンストロシティ（monstrosity：「奇形」の意）と呼びます。そのため最近では、国内でも綴化種をクレスト、石化種をモンスト（モンストロシティの略）と呼ぶことが増えています。変異体は人気があるため、価格が通常（変異を起こしていない個体）の10倍を超えることも珍しくありません。

サボテンのトゲは葉が変化したもの？

サボテンのトゲは葉が変化したものと昔からいわれており、最近の研究でもこの説は支持されています。しかし、コノハサボテン亜科やウチワサボテン亜科のサボテンは、トゲと葉の両方を同時にもつことがあります。葉がトゲに変化したのなら、なぜ葉とトゲを同時にもつサボテンがいるのでしょう？

第1章で、サボテンの刺座は短枝であると紹介しました。では長枝はどこかというと、体の大部分である茎の部分（茎節）が長枝に相当し、刺座から発生・伸長する新しい茎節も長枝です。つまり、サボテンの体の大部分は長枝で構成されています。そして、コノハサボテン亜科やウチワサボテン亜科のサボテンの小さな葉は、この「長枝の葉」です。ではトゲは何かというと、トゲは「短枝（刺座）の葉が変化したもの」だと考えられています。

まとめると、サボテンの「葉」は長枝（*long shoot*）の葉であり、サボテンの「トゲ」は短枝（*short shoot*）の葉（鱗片葉という、芽を守る葉）に由来したものです。このように、葉とトゲは由来となる器官が異なるために、ペレスキア・アクレアタ（*Pereskia aculeata*）やノパレア・コケニリフェラ（*Nopalea cochenillifera*）では、ひとつの植物体上で葉とトゲが同時に存在することも起こり得るのです（図2.17）。

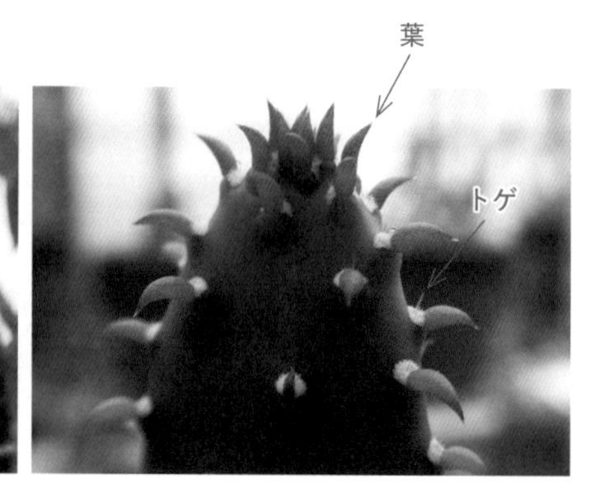

図2.17　サボテンのトゲと葉
（左）ペレスキア・アクレアタ（*Pereskia aculeata*）
（右）ノパレア・コケニリフェラ（*Nopalea cochenillifera*）

さらに深く

じつはすべてのサボテンには葉がある？

サボテンは葉がない植物だと思われていますが、じつはすべてのサボテンは葉をもっていると考えられています。

前述のように、コノハサボテン亜科は一般的な樹木と同じような葉をつけます。これらは光合成の場として通常、数か月以上は保持されます。また、マイフエニア亜科とウチワサボテン亜科でも小さな葉が肉眼で観察できます。

それではカクタス亜科のサボテンはどうでしょう？「家にあるサボテンには葉などないぞ」という方も多いと思います。サボテンには葉がないと思われているのは、カクタス亜科のサボテンの葉は肉眼では観察できないほど小さいからです。最大のもの（マトゥカナ・アウランティアカ（*Matucana aurantiaca*））で長さ2〜3mm程度で、ほとんどの種では長さ0.5mm以下です。カクタス亜科の葉はほとんど成長せず、大部分は表皮上の小さな隆起（高さ0.05mm程度）として存在しています。

さらに、刺座は多数のトゲやトライコームで覆われているため、この隆起も外部からはほとんど観察できません。刺座付近を切断して切片をつくって顕微鏡で観察すると、表皮の下に極めて小さい葉が観察できます。

トゲにもいろいろな種類がある

サボテンのトゲはひとつの刺座から密集して生えるのが一般的ですが、ひとつの刺座内でも長さや形、色、質感などの異なるさまざまなタイプのトゲが発生します。例えば、刺座の周辺部に発生するトゲ（radial spine）は短く細いことが多いのですが、中央部に発生するトゲ（central spine）は大型で長くなります。エキノケレウス・レイシェンバッキー（*Echinocerreus reichenbachii*）などは、中央部のトゲをもたない櫛型のトゲを発生させます。

図2.18　エキノカクタス・テキセンシス（*Echinocactus texensis*）

また、いくつかの種ではひとつの刺座に1本しかトゲが見られず、エピフィルム属（*Epiphyllum*）、レピスミウム属（*Lepismium*）、リプサリス属（*Rhipsalis*）などの着生型サボテンではトゲをまったくもたない種も存在します。

さらに、アリオカルプス属（*Ariocarpus*）などのように、発芽間もない時期にはトゲをもつが、生育が進むにつれてトゲを発生させなくなる種もあります。

図2.19　オプンティア・スルフレア（*Opuntia sulphurea*）

トゲの形状も細く鋭いものだけでなく、太い剣のようなトゲ（エキノカクタス・テキセンシス（*Echinocactus texensis*）、図2.18）、長く曲がったトゲ（オプンティア・スルフレア（*Opuntia sulphurea*）、図2.19）、紙のようなトゲ（テフロカクタス・アーティキュラータス（*Tephrocactus articulatus*)、図2.20)、馬のたてがみのようなトゲ（ユーベルマニア・ペクチニフェラ（*Uebelmannia pectinifera*)、図2.21)などもあり多様です。

図2.20　テフロカクタス・アーティキュラータス（*Tephrocactus articulatus*）

図2.21　ユーベルマニア・ペクチニフェラ（*Uebelmannia pectinifera*）

また、サボテンのトゲは、変異が非常に起こりやすいという特徴があります。例えば、オプンティア・ビオラケア・マクロケントラ（*Oputia violacea var. macrocentra*）とオプンティア・ビオラケア・サンタリタ（*Opuntia violacea var. santa-rita*）は、基本種（母種）が同じで、遺伝的には非常に近い関係にありますが、トゲの長さは前者が最大で17cm程度、後者は数mm程度と、非常に差があります。

また、食用に広く利用されているオプンティア・フィクスインディカ（*Opuntia ficus-indica*）はトゲが少なく、長さも短いのですが、種子繁殖（自殖）を行なうと、トゲの長い個体がすぐに発生することが知られています。

トゲは変異が起こりやすいため、観賞用サボテンの育種目標にもなっています。例えば、国内でもよく見かけるエキノカクタス・グルソニー（*Echinocactus grusonii*）は、黄トゲ品種、白トゲ品種、トゲなし品種などが育種されています（図2.22）。

図2.22　エキノカクタス・グルソニー
（*Echinocactus grusonii*）
（右上）黄トゲ品種／
（左下）白トゲ品種／（右下）トゲなし品種

さらに深く

カウボーイを困らせたサボテン

エキノカクタス・テキセンシス（*Echinocactus texensis*）のトゲは非常に硬く、カウボーイの靴や馬のひづめを貫いて怪我をさせることもあったようで、ホース・クリッププラー（Horse clippler）（「馬の足を不自由にする」の意）の通称をもちます。

20世紀初頭には、テキサス州の鉄道会社が、このサボテンを安価な獣害防止柵として利用した事例もあるそうです。

図2.23　さまざまなトゲ
（右上）ステトソニア・コリネ（*Stetsonia coryne*）
（左下）マミラリア・ヘレラエ（*Mammillaria herrerae*）
（右下）コピアポア・シネレア（*Copiapoa cinerea*）

トゲはどのようにつくられる？

トゲの発生について見てみましょう。トゲや葉は、刺座にある分裂組織から発生します（図2.24）。トゲが発生する領域は特にトゲ分裂組織と呼ばれ、この領域における細胞分裂によりトゲの元となる組織が形成され、この領域は小さく表皮上に盛り上がります（図2.25）。

図2.24　ステノケレウス・ケレタロエンシス（*Stenocereus queretaroensis*）の刺座から発生した、成長中の若いトゲ（左）と成熟した硬いトゲ（右）

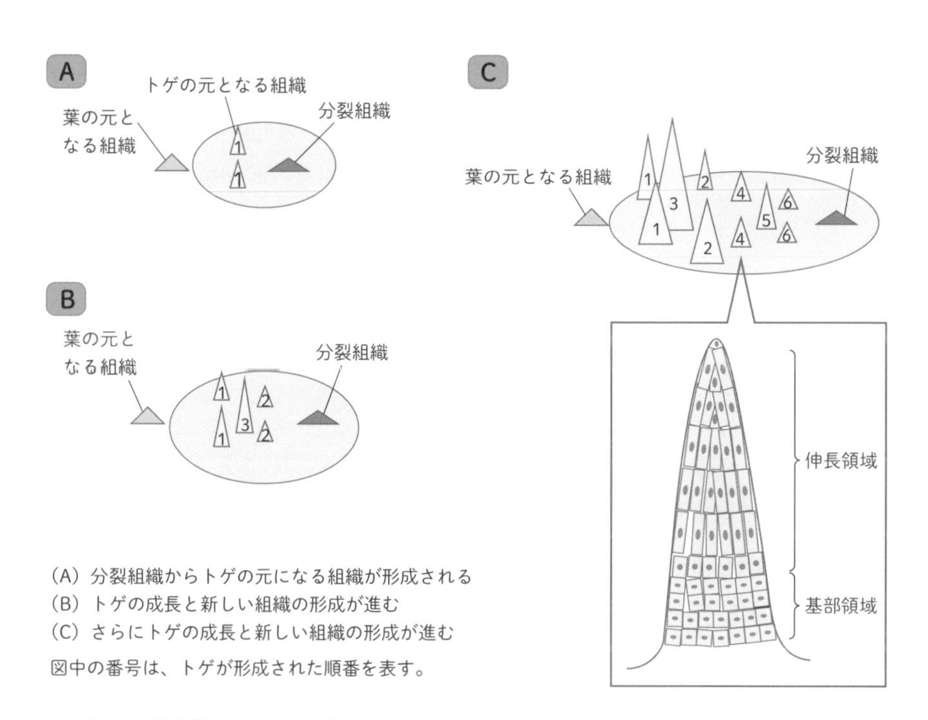

図2.25　トゲはどのようにつくられるのか

組織が0.1mm程度の長さになると先端部の細胞は分裂を停止し、これ以降は組織の基部領域で細胞分裂が行なわれます。トゲは基部の細胞分裂と増加した細胞の伸長成長により伸び、さらに、トゲの先端部から細胞壁にリグニンという高分子物質が蓄積して、細胞が厚く強固になります（リグニンは植物細胞壁の主要成分のひとつで、木質化に関与する）。

種による違いはありますが、基本的にサボテンのトゲはこのようなプロセスで発生・伸長すると考えられています。

ほとんどのサボテンでは、トゲの伸長方向は一定で、トゲは真っ直ぐに伸びていきます。しかし、フェロカクタス属（*Ferocactus*）やマミラリア属（*Mammillaria*）、パロディア属（*Parodia*）などでは、トゲの表側と裏側とで伸長量に差が生じてトゲが曲がります。

基本的にトゲの内部には道管や師管などの維管束組織（養分や水分を運ぶ組織）はありませんが、後述する蜜腺として機能するトゲでは、一部に維管束組織が観察されています。

トゲを構成する個々の細胞は時間が経つと活動を停止し、死んだ細胞となりますが、これが単に栄養の不足（維管束組織がないため養分や水分が運ばれてこない）によるのか、遺伝的なプログラム細胞死によるものなのかは明らかとなっていません。

サボテンのトゲの表面は滑らかなものが多いのですが、マミラリア属（*Mammillaria*）やツルビニカルプス属（*Turbinicarpus*）の一部は、表面に毛（トライコーム）が生えます。

ちなみに、伸長中の若いトゲは手で容易に引き抜くことができますが、成熟したトゲは簡単には引き抜けません。これは、完全に成熟したトゲでは、基部の細胞も先端部と同じようにリグニンが蓄積し肥厚化していること、また、刺座にある複数のトゲ同士が、リグニンやスベリン（細胞壁に堆積してコルク化させる物質）などの物質により結束されるためです。

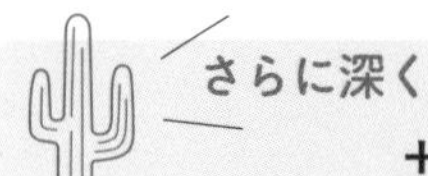

サボテンの毛・トライコーム

サボテンの刺座には、フワフワとした毛が生えていることがあります。これはトライコーム（毛状突起）と呼ばれる組織で、トゲとは異なります。トライコームは細胞が1列に長く連なった組織で、それぞれのトライコームはひとつの表皮細胞から発生します（図2.26）。発生したトライコームは、基部の細胞が数週〜数か月にわたり分裂を繰り返すことで伸長します。また、押し出されたトライコームの先端側の細胞の寿命は短く、短い期間で死んだ細胞になります。

トライコームの長さは種により異なりますが、これはトライコーム基部の細胞が分裂を行なう期間の長さによると考えられています。

サボテンのトゲとトライコームは同じような組織として扱われることも多いのですが、前述のように、トゲは表皮下にある複数の細胞（分裂組織）により形成され、トライコームは1つの表皮細胞の分裂に由来する点で発生の仕方が異なっています。

トライコームは刺座や茎の頂部（成長点）を高温や低温、強い光などから保護する働きがあると考えられています。

トライコームが発達する様子

（A）トライコームが形成される前の表皮組織
（B）トライコームを形成する細胞（矢印）が分裂を開始
（C）細胞が分裂を続け、細胞の列（トライコーム）が形成される。
（D）分裂が継続し、また先端側の細胞の伸長生長によりトライコームが伸長する。

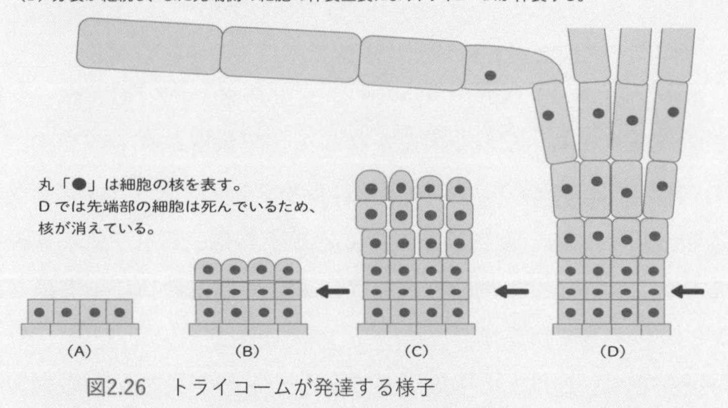

図2.26　トライコームが発達する様子

サボテンのトゲは何のためにある？

サボテンのトゲには、食害の回避、強光によるストレスの回避、高温や低温によるストレスの回避、蜜の分泌、空気中の水分の捕集、繁殖範囲の拡大など、さまざまな機能や役割があると考えられています。繁殖範囲の拡大については第1章でキリンドロオプンティア・ビゲロヴィー（*Cylindropuntia bigelovii*）の例を紹介したので、ここではその他のトゲの機能について、これまでの研究報告を元に紹介します。

・動物に食べられるのを防ぐ

サボテンのトゲの最も想像しやすい役割のひとつは、動物からの食害の回避です。しかし機能が想像しやすいせいか、トゲの有無と動物による食害の程度との関係を調べた研究は多くありません。

図2.27　オプンティア・ポリアカンサ（*Opuntia polyacantha*）
写真：イメージマート

2012年に発表された研究では、オプンティア・ポリアカンサ（*Opuntia polyacantha*、図2.27）が密生している場所（クラスター）では、家畜が近づかず食害が減るため、クラスター内の植物種の多様性がクラスターの外側よりも高く維持されることが報告されています。

また、食用や家畜飼料に広く使用されるオプンティア・フィクスインディカ（*Opuntia ficus-indica*）を例にとっても、種子繁殖（自殖）により鋭いトゲを発現するようになった後の世代では、家畜や野生動物による摂食被害が減ることがわかっています。

したがって、一定以上の強度と長さをもつトゲが動物からの食害回避において有効なことは明らかです。しかしながら、トゲは昆虫などの小動物による食害回避にはあまり有効でないと考えられています。

また、サボテンのなかには、忌避作用をもつアルカロイドを体内で合成したり、植物体の大部分を地中に埋めたりすることで、動物からの食害を回避するものもいます。

・強い光から身を守る

光はサボテンが光合成を行なうために必要ですが、光が強すぎると逆に、光合成反応や成長を阻害します。サボテンの体がトゲに覆われていると、茎の表面に到達する光の量は減少するため、トゲには光の量を調節する作用があると長らく考えられてきました。

2008年に発表された研究では、トゲの密度が異なる3種のウチワサボテンを用いて、トゲの除去が光合成に与える影響を調べています（実験で使用されたのは、トゲがほとんどないオプンティア・バシラリス（*Opuntia basilaris*、図2.28)、トゲの密度が高いオプンティア・エリナセア（*Opuntia erinacea*、図2.29)、そしてトゲの密度が両者の中間的なオプンティア・フェアカンサ（*Opuntia phaeacantha*、図2.30))。その結果、トゲの密度が高いオプンティア・エリナセアでは、トゲの除去により茎節表面に到達する光の量が約3倍になり、また、トゲを除

図2.28　オプンティア・バシラリス
(*Opuntia basilaris*)
写真：イメージマート

図2.29　オプンティア・エリナセア
(*Opuntia erinacea*)
写真：イメージマート

去した茎節では、トゲのある茎節よりも弱い光強度で光合成速度の低下が観察されました(トゲを除去したことで、茎に当たる光の量が過剰となり、光合成速度が低下)。トゲの密度が低い他の2種では、トゲ除去による光合成への悪影響はオプンティア・エリナセアに比べて小さくなりました。

図2.30　オプンティア・フェアカンサ(*Opuntia phaeacantha*)
写真：イメージマート

この実験から、サボテンが許容できる光の量には種による差があり、また、トゲは過剰な光によるストレスから植物体を保護していると考えられます。その他にも複数の研究で、トゲは光ストレスの回避に有効と報告されています。しかしながら、トゲの密度が低い種では、そのような効果は小さいようです。

・高温や低温から身を守る

多くの園芸書で、サボテンのもつトゲの多様な役割のひとつとして、高温や低温ストレスの回避が紹介されていいます。過去に行なわれたコンピューターシミュレーションを用いた解析では、マミラリア・ディオイカ(*Mammillaria dioica*)とフェロカクタス・アカンソデス(*Ferocactus acanthodes*)において、茎頂部周辺の最高気温はトゲがあることで下がり、一方、最低気温はトゲにより上昇することが報告されています。

しかしながら、トゲの有無は、茎の表面温度には影響しないとする報告も多数見られます。例えば、2016年に行なわれた研究では、異なる3種のサボテンを用いて、トゲの除去が茎の表面温度や光合成速度に与える影響が評価されています(使用したのはトゲの多いツルビニカルプス・シュミエディケアヌス（*Turbinicarpus schmiedickeanus*）、トゲの少ない エキノカクタス・プラティアカンサス（*Echinocactus platyacanthus*）、そして両者の中間的なマミラリア・ゼフィランソイデス（*Mammillaria zephyranthoides*））。その結果、茎表面に到達する光の量や光合成速度は、トゲの除去により影響を受けましたが、茎表面の温度はトゲの有無で変化しませんでした。茎頂部周辺の気温がトゲの影響を受けるとの研究報告を紹介しましたが、一般にサボテンの茎頂部はトゲやトライコームの密度が高いため、それらの除去による影響も大きいのかもしれません。

トゲと低温ストレスとの関係性を調べた研究報告は意外にもほとんどありません。アンデス山脈の高山帯にも自生するエスポストア属（*Espostoa*）には、植物体がトゲと長いトライコームで覆われている種がたくさんあります（図2.31）。このようなトゲやトライコームは、「対流や夜間の放射による茎の温度低下を防ぐ役割をしている」と多くの園芸書で紹介されています。しかし、エスポストア属の体がトゲやトライコームで覆われているのは、紫外線など光ストレスへの対応が主要な役割である可能性があります。調べた限りでは、トゲやトライコームと低温耐性との関係性を、茎表面や内部温度の実測を伴って解析した研究は見当たりませんでした。

「トゲやトライコームがサボテンを温かく保っている」とする説を検証するには、アンデス山脈やカナダ南部などの寒冷地域の自生地にて、対象となるサボテンのトゲやトライコームを除去して調査するのが有効ですが、現実的には実施するのが困難だと思われます。

図2.31　エスポストア・メラノステレ（*Espostoa melanostele*）

・蜜を分泌する

一部のサボテンでは、トゲが糖分を含む蜜を分泌する花外蜜腺（花以外の部位にある蜜を分泌する器官）として機能することが報告されています。

花外蜜腺をもつサボテンはこれまでに24属74種以上が確認されており、蜜腺周辺にはアリなどの昆虫がよく観察されます。花外蜜腺でアリを誘うことで、受粉や結実の促進や、食害をもたらす動物や昆虫の忌避などの利点があると考えられています。

2020年に発表された研究によると、ノパレア・コケニリフェラ（*Nopalea cochenillifera*）の蜜は、主成分である糖質の約90％がスクロースで、さらに微量のアミノ酸を含んでいることが報告されています。分泌された蜜の見た目は水滴のようですが、糖分を多く含むため、触ると水飴のように伸びます。

野外で栽培しているサボテンだと、花外蜜腺から分泌された蜜はアリなどの昆虫に食べられたり雨に流されたりするため、観察が困難です。温室や室内で人工的に管理されているサボテンであれば、確認しやすいと思われます。

サボテンの花外蜜腺は、少なくとも次の4つのタイプに分けられます。

1つ目は、トゲと同じ外見をしたものです（図2.32①）。トゲの先端～基部にかけて複数の場所から蜜が分泌されます。また蜜の分泌量は若い伸長中のトゲのほうが多いようです。このタイプの蜜腺をもつサボテンには、ブラジリオプンティア・ブラジリエンシス（*Brasiliopuntia brasiliensis*）、カリムマンティウム・サブステリレ（*Calymmanthium substerile*）、ハリシア・ポマネンシス（*Harrisia pomanensis*）、オプンティア・ピクナンサ（*Opuntia pycnantha*）、ペレスキオプシス属（*Pereskiopsis*）、クィアベンティア属（*Quiabentia*）の一部などが含まれます。

2つ目は、蜜の分泌に特化した構造体です（図2.32②）。これらの花外蜜腺はトゲに似ていますが、通常のトゲとは形態が異なっており、透明で短い形状のものやドーム型の突起のようなものを含みます。直径は最大1.3mm程度、長さは1.0〜4.0mmで、構造の先端部から蜜を分泌します。このタイプにはコリファンタ属（*Coryphantha*）、キリンドロオプンティア属（*Cylindropuntia*）、エキノカクタス属（*Echinocactus*）、フェロカクタス属（*Ferocactus*）、スクレロカクタス属（*Sclerocactus*）、テロカクタス属（*Thelocactus*）、オプンティア属（*Opuntia*）の複数種が含まれます。

3つ目は、開花枝につく葉です（図2.32③）。前述のように、サボテンの茎節（長枝）上の葉は非常に小さく、ほとんどのサボテンでは肉眼で観察できません。しかしながらカクタス亜科のサボテンの一部は、刺座から花が咲くときに発生する枝（開花枝）上にだけ、小さいですが肉眼でも観察できる大きさの葉をつけます。このような葉は花外蜜腺として機能していることが多く、葉の表面から蜜が分泌されます。このタイプにはアカントケレウス・テトラゴヌス（*Acanthocereus tetragonus*）、レプトケレウス・パニクラトゥス（*Leptocereus paniculatus*）、ミルチロカクタス・ゲオメトリザンス

図2.32　蜜を出すサボテン
①ノパレア・コケニリフェラ（*Nopalea cochenillifera*）のトゲから蜜が分泌される様子
②フェロカクタス・グラキリス（*Ferocactus gracilis*）の刺座にある構造体
③ノパレア・コケニリフェラの蕾（開花枝）

(*Myrtillocactus geometrizans*)、パキケレウス・スコッティ（*Pachycereus schottii*)、ステノケレウス・サーベリ（*Stenocereus thurberi*）などが含まれます。

最後は刺座周辺の表皮です。このタイプでは、刺座の少し下側の表皮から蜜が分泌されます。蜜が分泌される領域は、他の表皮部分と若干色が異なっていたり、小さな突起のようなものが観察されたりする場合があります。しかしこのタイプの花外蜜腺に関する研究報告はほとんどなく、詳細はよくわかっていません。このような花外蜜腺をもつものには、アルマトケレウス・プロケルス（*Armatocereus procerus*)、レプトケレウス・ウェインガルティアヌス（*Leptocereus weingartianus*)、パキケレウス・スコッティ（*Pachycereus schottii*）などが含まれます。

・空気中の水分を取り集める

複数のサボテンにおいて、トゲが結露や霧から水分を得ていることが報告されています。

例えば、オプンティア・ミクロダシス（*Opuntia microdasys*）の茎節にあるトゲについた水滴は、常に先端側から基部側に移動して刺座から吸水されることが報告されています（図2.33)。驚くべきことに、地面のほうを向いたトゲにおいても、水滴は重力に逆らいトゲの先端から基部に向かい移動するのです。

刺座部分からの水滴の吸収に関しては、オプンティア・ミクロダシスでは刺座下部に円錐形のトンネルのような構造があり、これが茎節内部の維管束組織とつながっていることがわかっています。茎節内には親水性の粘液が多量に含まれているため、トゲから運ばれた水滴はこの円錐形構造によって茎節内の粘液と接触することで、素早く茎節内に引き込まれると考えられています。

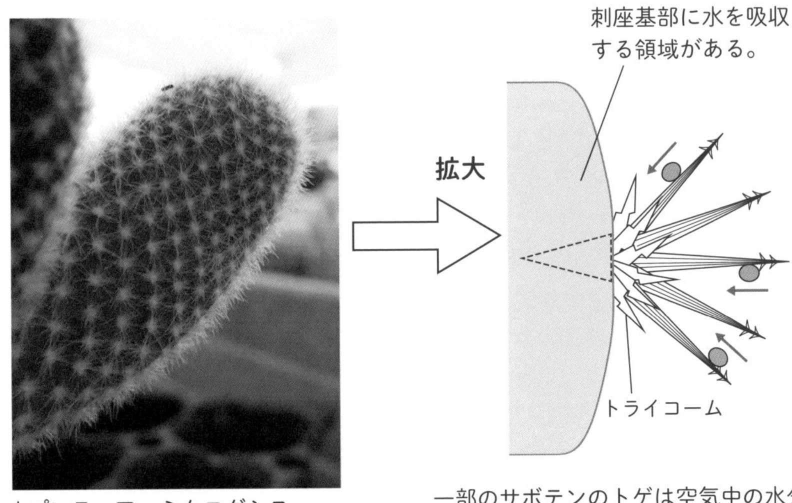

図2.33　空気中の水分を捕集するトゲ（Ju *et al.*, 2012; Kim *et al.*, 2017をもとに作成）
（1）トゲの先端部や返し部分に水滴が付着。
（2）トゲは先端側から基部側にかけて太くなるためトゲの半径も大きくなり、ラプラス圧勾配が生じる（水滴の接触角が変化）。
（3）トゲの表面には大小さまざまな溝が存在するが、溝同士の間隔は基部側でより大きくなる。これにより表面粗さの勾配が生じ、さらに表面自由エネルギー勾配を生み出す。
（4）ラプラス圧勾配と表面自由エネルギー勾配が推進力となって水滴は基部方向に移動し、刺座下部から茎内に吸水される。

さらに深く

トゲが空気中の水分を捕集する仕組み

4種類のサボテン（コピアポア・シネレア（*Copiapoa cinerea*）、フェロカクタス・ウィスリゼニ（*Ferocactus wislizenii*）、マミラリア・コルムビアナ（*Mammillaria columbiana*）、パロディア・マムロサ（*Parodia mammulosa*））を用いて朝露を捕集する能力が調べられています。

実験の結果、朝露を捕集する能力はコピアポア・シネレア＞マミラリア・コルムビアナ>パロディア・マムロサ>フェロカクタス・ウィスリゼニの順になり、フェロカクタス・ウィスリゼニではトゲの表面上にほとんど水滴が形成されませんでした。

各サボテンのトゲ表面上に形成された水滴の接触角を測定したところ、コピアポア・シネレア、マミラリア・コルムビアナ、パロディア・マムロサでは接触角が60度以下で、一方、水滴の少なかったフェロカクタス・ウィスリゼニでは接触角が約120度でした。「接触角」とは、ある固体の上に液体を落としたときにできる液滴の膨らみ（液の高さ）の程度を数値化したもので、固体表面に対する液体の付着しやすさを表します（図2.34）。

この実験の結果は、フェロカクタス・ウィスリゼニのトゲ表面は他の3種と比べて疎水性が高い（水が付着しにくい）ことを示しています。

次にこの原因を調べるため、各サボテンのトゲ表面の構造が電子顕微鏡で観察されました。すると、フェロカクタス・ウィスリゼニのトゲ表面にだけ、毛のような突起状の構造が多くあることがわかりました（他の3種は溝のある、比較的滑らかな表面をしていた）。そのため、フェロカクタス・ウィスリゼニでは、このトゲ表面の突起状構造により突起間に空気の層がつくられることで、トゲ表面の疎水性が高くなり、朝露を捕集する能力が他の3種に比べて低くなったと考えられています。

また最も捕集する能力が高かったコピアポア・シネレアのトゲの表面構造が詳細に解析され、水滴はトゲ表面で形成された表面張力の勾配（表面自由エネルギー勾配）などによって基部方向に輸送されることがわかっています。

ちなみに、コピアポア・シネレアは雨がほとんど降らないアタカマ砂漠に自生し、必要な水分のほとんどを海で発生した霧から得て生活していることでも知られています（日本でも「黒王丸（コクオウマル）」という名前で流通しており、観賞用として非常に人気です）。

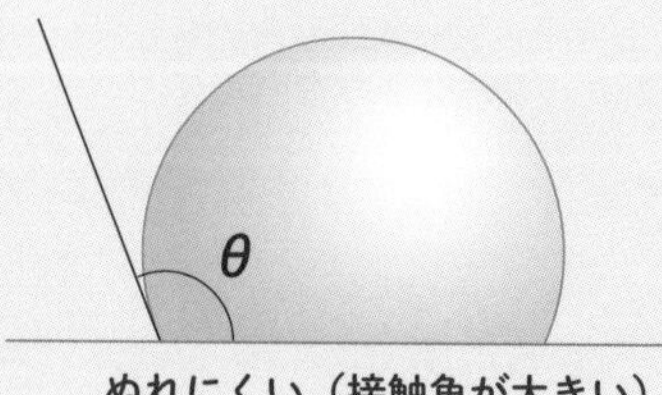

ぬれにくい（接触角が大きい）

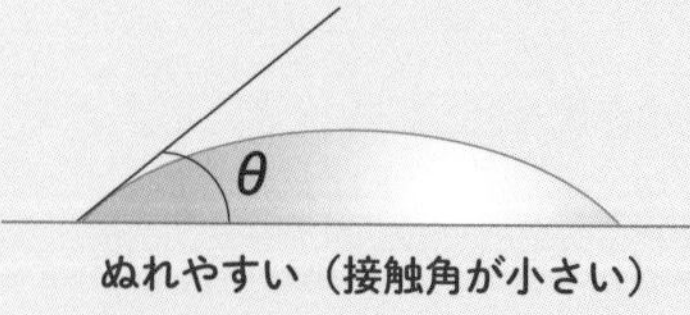

ぬれやすい（接触角が小さい）

図2.34　接触角

サボテンはなぜ茎にヒダをもつものが多い？

サボテンの体は、ヒダやコブのような突起によりデコボコしていることがよくあります。ヒダや突起はサボテンに限らず、他の多くの多肉植物でも見られる構造です。これらの構造にはどのような役割があるのでしょうか？

サボテンの茎に見られるヒダのことを稜（りょう）と呼びます。稜には、体内の水分量に応じて伸び縮みすることで、表皮組織が傷つかないようにする働きがあります。

円筒形や球形の茎をもつ植物が、干ばつ後の降雨により急激に水分を吸収した場合を考えてみましょう。吸水により植物の茎の体積は急増し、表皮組織もそれにより引き伸ばされます。しかし、表皮細胞を新しくつくるのには時間がかかりますし、表皮細胞の伸縮性も高くはありません。すると、表皮組織が耐えきれなくなり裂けてしまいます。実際にトマトなどの果実では、降雨の後の吸水により果実表面が裂けてしまうことがあり、農業上の課題となっています。

サボテンなど乾燥地に分布する多肉植物は、生きるために少量の雨でも逃がさず大量に吸収する必要があります。しかし、吸水により表皮が破れてしまっては困ります。このとき、茎にアコーディオンのようにしなやかな稜があると、急激な吸水により茎の体積が増えても、稜の基部を広げるだけで、表面積をほとんど変えずに体積を増やすことができます（図2.35）。この仕組みにより、水の吸収で体積が急増しても表皮が裂けるのを防ぐことができます。稜は、限られた水をたくさん吸うためにサボテンが身につけた工夫のひとつといえます。

図2.35　水分量に応じて縮んだり膨らんだりするサボテン

コブなどの突起も体内の水分量に応じて長さが変化し、表皮組織が傷つかないようにする働きをもっています。具体的には、乾燥時は突起が短くなり、吸水時は長くなります。稜との違いは、突起は体積の増加によって、表面積も同様に増加することです。表面積が増加するのにトマトの果実などのように裂けないのは、突起を構成する細胞が伸縮性に優れているためです。しかしながら、突起は伸縮性を維持するための、繊維細胞などの硬い組織をもっておらず、物理的には柔らかく弱い構造です。そのため突起は重量の小さい小型のサボテンに多く見られ、大型の柱サボテンなどは稜をもっているのが一般的です。

稜の数（稜数）は、茎の表面積と体積との比率と関係しています。例えば、熱帯雨林に自生するエピフィルム属（*Epiphyllum*）は、稜が2つで平たい葉のような茎をしており、茎の体積に対して表面積の割合が高くなっています（図2.36）。これは、熱帯雨林では乾燥のリスクが低く、水分を貯えて体積を大

図2.36　エピフィルム・オクシペタルム（*Epiphyllum oxypetalum*）
写真：イメージマート

きくする必要性がないためと思われます。

一方、エキノフォスロカクタス属（*Echinofossulocactus*）には、稜数が最大で120を超える種もあります（図2.37）。しかし、一部のサボテンが非常に多くの稜をもつ理由は、現在のところよくわかっていません。

図2.37　エキノフォスロカクタス・ムルチコスタツス（*Echinofossulocactus multicostatus*）
写真：イメージマート

稜数は成長の過程で増加する傾向にあります。例えば、発芽して間もない時期は稜が4つだったサボテンが、成長するにつれて稜が5つや6つに増えることがあります。

稜数の上限は遺伝的に決まっているようで、稜数が少ないサボテン（エピフィルム属（*Epiphyllum*）：2つ、ヒロケレウス属（*Hylocereus*）：3つ、アカンソケレウス属（*Acanthocereus*）・デンドロケレウス（*Dendrocereus*）：4つ）では、発芽後の早い時期に稜数は増加しなくなります。

一方、稜数が多いサボテン（ブロウニンギア属（*Browningia*）・パキケレウス属（*Pachycereus*）：最大20程度、カルネギア属（*Carnegiea*）・ケファロケレウス属（*Cephalocereus*）・トリコケレウス属（*Trichocereus*）：最大30程度）では、植物体の高さが数mを超えるほど大きく成長した後でも稜数が増えることがあります。

成長に伴う稜数の増加は、生長点（茎の先端にある分裂組織）の大きさ（直径）と関係しているとの報告があります。発芽直後の植物体に比べて、十分に成長した植物の成長点は大きく、新しい茎の元となる組織をより多く発生させる余地があるため、稜数を増やすことができると考えられています。

その他にも稜や突起には、植物体表面に影をつくることで直射日光を回避したり、朝露や霧などの水分を植物体の根元に集めたりするなどの役割があるのではないかともいわれています（科学的な検証は十分に行なわれていません）。

また、稜や突起は、鑑賞用としても価値があります。稜や突起の数や大きさはサボテンの外見に大きく影響します。これらは交配によって変化するため、これまでにさまざまな形の品種が生産者や愛好家により育種されています。

サボテンの根はどのような形をしている？

砂漠で暮らす植物は、高温や乾燥などの過酷な環境下で成長しなくてはいけません。特に、限られた水を確保できるかどうかが、植物の生存を決定づけます。砂漠にも水は存在しますが、その量と分布は非常に不安定です。多くの場合、水の分布は土壌の深さに関係しています。砂漠でも比較的安定して水が存在するのは、土壌の深いところです。春や冬に降った雨は土壌深くまで浸透し、地下水として保持されます。一方、気温の高い夏に降った雨はすぐに蒸発するため、土壌表面付近を一時的に濡らす程度にとどまります。

では、サボテンなど乾燥地で生育する植物は、どのような根をもってい

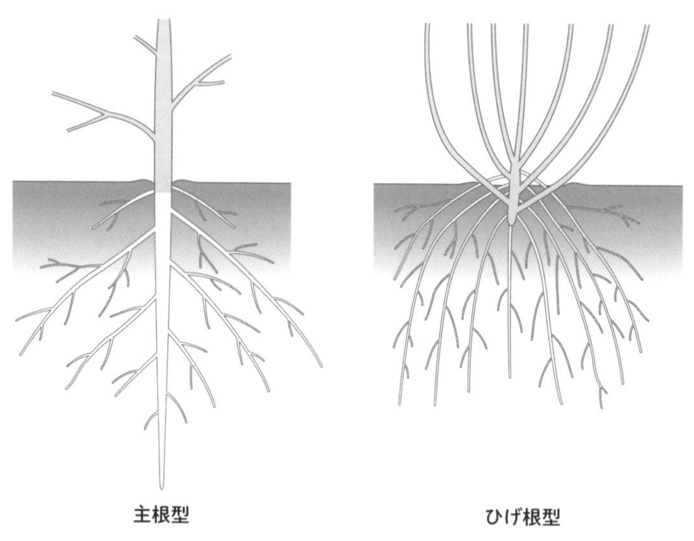

図2.38　主根型とひげ根型

るのでしょうか？　一般に双子葉植物（ヒマワリなど）は、幼根が地中深くに伸びて主根になり、主根から水平方向に側根が発生・伸長し、さらに側根からも細根が発生します。このようなタイプを主根型と呼びます。ちなみに、単子葉植物（イネなど）では、幼根の伸長が生育の早い段階で止まり、茎の基部節から多数の根が出る、ひげ根型と呼ばれるタイプの根茎をつくります（図2.38）。サボテンも双子葉植物に含まれるので、主根型の根をもっているように思えますが、実際は少し違います。

砂漠のような乾燥地では、水の確保が生存のために最も重要な要素となるため、多くの植物種は水へのアクセスに適した根の分布（地中での根の分布状態を「根系」と呼びます）を発達させています。砂漠に暮らす植物の根系は、その植物が主に土壌中のどの部分の水を吸収するかによって異なります。具体的には、①土壌深くの地下水を吸収するもの、②土壌表層付近の水を吸収するもの、③地下水と表層付近の水の両者を吸収するもの、の3タイプに分かれます（図2.39）。

例えば、ユタ州南部に生育する植物が土壌中のどの部分の水を利用しているかを調べた研究では、一年生植物（発芽から1年以内に枯死する草本植物）は表層付近の水に完全に依存しており、木本の多年生植物は表層付近と土壌の深い層の両方から水を吸収していることが明らかとなっています。また、中国のタクラマカン砂漠に分布する多年生のマメ科植物は、土壌の深い層にまで主根を伸ばした後に側根を発達させ、主に地下水に依存して成長することが報告されています。

ではサボテンの根系はどうでしょうか？　大部分のサボテンの根は縦方向に短く横方向に長い形状をしており、土壌表層付近の水の吸収に適した根系をもっています。例えば、ソノラ砂漠に分布するサボテンの多くは主根の長さ（根が到達する深さ）が15～30cm未満ですが、主根から発生した側根の長さ（横方向の長さ）が10m以上に達するものも見つかっています。小型のサボテンだけでなく、大型で背の高い柱サボテンも同様に、広く浅い根茎を有しています。

図2.39　乾燥地の植物の根
Kirschner GK（2021）を参考に作成。

ソノラ砂漠に自生するカルネギア・ギガンテア（*Carnegia gigantea*）の根系を調査した研究では、高さ1.2mのサワロサボテンの根の深さは約30cmで、幅（植物体を中心にした直径）は約3～5m、高さ約7mの個体では深さが約80cm、幅は12mを超えることが報告されています。

サボテンのような根系はどのようにしてつくられるのでしょうか？多くの植物は、環境条件がよければいつまでも根を伸ばし続けることができます（このような成長様式を無限成長（indeterminate growth）と呼びます）。しかし、多くのサボテンでは、環境条件がよい場合でも、一定の長さに主根が達すると自律的に成長が止まることが観察されています（このような成長様式を有限成長（indeterminate growth）と呼びます）。成長を停止した主根からは多数の側根が発生し、側根やそこから発生した細根が伸びることで、サボテンは浅く広い根系をもつことになります。主根の成長を早く止めることで、より多くの栄養を側根の成長に使うことができます。

この主根の有限成長性も、サボテンが乾燥に適応して進化する過程で身につけた性質のひとつです。このように、外から見ただけではわかりませんが、地中部分にも、過酷な環境で生きるための工夫がたくさんあります。

ちなみに、側根の発生は、乾燥ストレスにより促進されることが、これまでの研究で明らかとなっています。例えば、オプンティア・フィクスインディカ（*Opuntia ficus-indica*）では、土壌が乾燥すると、水分が十分な場合に比べ、側根の発生量（側根原基の数）が4〜5倍に上昇することが報告されています。また、エピフィルム・フィランサス（*Epiphyllum phyllanthus*）やリプサリス・バッキフェラ（*Rhipsalis baccifera*）などの熱帯雨林に分布する着生サボテンでも同様に、乾燥が側根の発生を促すことがわかっており、側根の伸長を促進して浅く広い根系をつくることは、サボテン科植物に広く共通した特徴と考えられています。

このような根系に加えて、オプンティア属（*Opuntia*）やフェロカクタス属（*Ferocactus*）などの一部のサボテンでは、「雨根（rain root）」と呼ばれる特殊な根を発生させます。雨根とは、雨が降って土壌が湿ると数時間以内に側根上に発生する、非常に小さな根です。オプンティア・プベルラ（*Opuntia puberla*）やフェロカクタス・アカンソデス（*Ferocactus acanthodes*）では水を与えてから8時間以内に発生し、24時間以内に数mmの長さまで伸びます。雨根は高い通水性をもち、根の表面積を増大させるため、水の吸収能力を増大させます。

また、この雨根は土壌が乾燥するとすぐに側根から脱離するのも特徴です。根は水の吸収に不可欠な器官ですが、大きな根系を常に維持するのにはエネルギーが必要になります。雨根は、根系の維持コストを減らし、かつ乾燥地で降った少雨を逃さないために発達した仕組みであると考えられています。

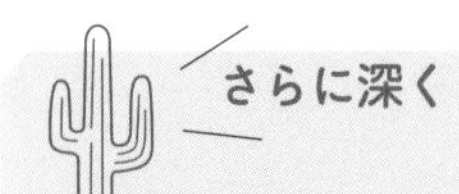

いろいろなサボテンの根

先述のように、多くのサボテンは浅く広い根茎をもちますが、アリオカルプス属（*Ariocarpus*）、アズテキウム属（*Aztekium*）、レウクテンベルギア属（*Leuchtenbergia*）、ロフォフォラ属（*Lophophora*）、ペニオケレウス属（*Peniocereus*）、プテロカクタス属（*Pterocactus*）などに含まれる一部のサボテンは、主根が太く発達して塊根を形成します。水の吸収は主に塊根から発生した側根により行なわれ、塊根部分は養分や水分を貯える役割をしていると考えられています（図2.40）。

また、ヒロケレウス属（*Hylocereus*）やステノケレウス属（*Stenocereus*）、リプサリス属（*Rhipsalis*）などの熱帯地域に暮らす種は、茎の刺座から空気中に根を発生させ（このように茎や葉から生じる根を「不定根」と呼びます）、樹木や岩などに自身を固定するために利用しています（図2.41）。

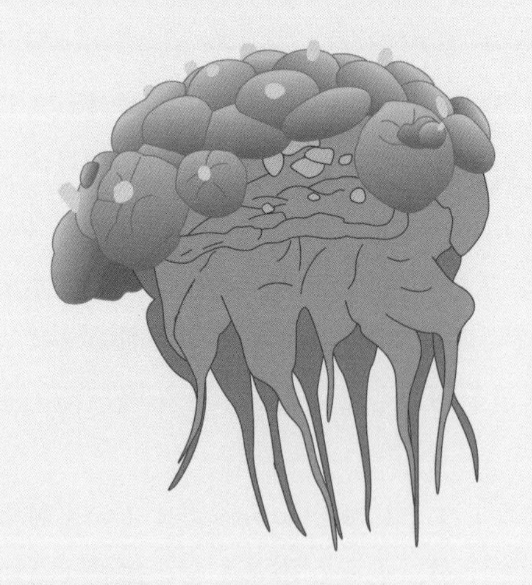

図2.40　塊根

図2.41　不定根

根を使って土に潜るサボテン

アリオカルプス属（*Ariocarpus*）のサボテンは、太く短い塊根を形成します。これは多肉化した茎と同様に、養分や水分の貯蔵庫としての役割を担っているのに加え、地上部を地下方向に引き込む働きをすることが明らかとなっています。

2010年に発表された研究では、アリオカルプス・フィスラトゥス（*Ariocarpus fissuratus*）の塊根が乾燥により縮むことで、地上部が6〜30 mm程度、地中方向に引き込まれることが報告されています（図2.42）。

地上部が地中に引き込まれることには、どのような利点があるのでしょうか？　大きな利点は、周囲の石や岩の影に隠れて高温を回避できること

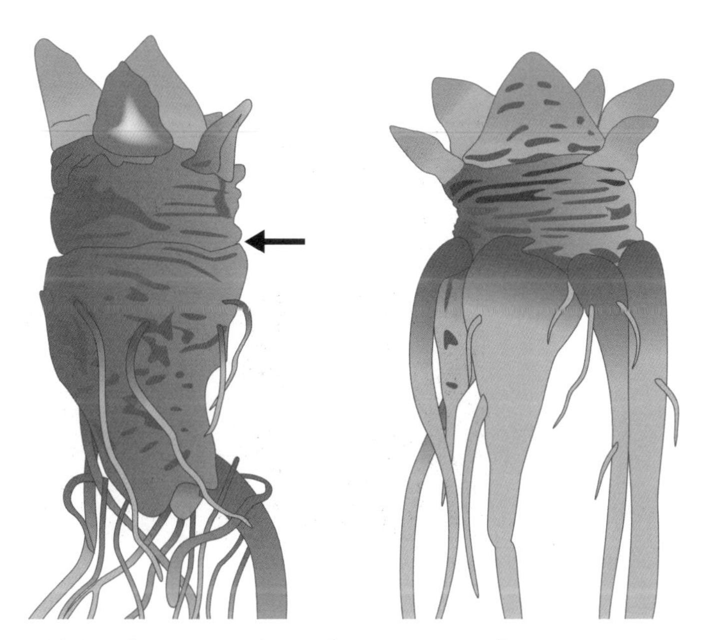

図2.42　アリオカルプス・フィスラトゥス（*Ariocarpus fissuratus*）
根の収斂により「←」部分が短くなり、茎が地中に引き込まれる。自生地では体の大部分が土に埋まった状態で生活している。

です。砂漠では直射日光により土壌表面が温められ、温度が70度を超えることもあります。いくらサボテンでも、これほどの高温では組織がダメージを受けてしまいます。特に、熱に対する耐性が弱い幼いサボテンにとっては命取りになりかねません。

先の研究では、岩や石の多い土壌表面の温度は、岩や石のない砂質の土壌に比べて、最高温度が10度以上低くなることが報告されています。土壌表面の温度が低下すると、そこから蒸発する水の量も減り、植物が利用できる水の量も増えます。

このように、アリオカルプス属（*Ariocarpus*）のサボテンは、塊根の収斂により地上部を引き下げて周囲の石や岩の陰に隠れることで、高温や乾燥によるストレスを軽減していると考えられています。またこの他にも、塊根の収斂には、周囲の石に擬態して動物による食害を回避する効果もあるといわれています。

サボテン以外にも、「リビング・ストーン（生きている石）」の通称をもち観賞用として人気のあるリトープス属（*Lithopus*）も、類似の性質をもっています。リトープスの体の大部分は地中に埋まっており、上部の「窓」と呼ばれる部位から光を取り入れて光合成をします（図2.43）。これも、高温や乾燥、動物による食害から身を守る仕組みと考えられています。

図2.43　リトープス・アウカンピアエ（*Lithops aucampiae*）
体の大部分は地中に埋まっており、上部の「窓」と呼ばれる部位から光を取り入れて光合成を行なって生活する。
写真：Panther Media／イメージマート

サボテンの花の特徴は？

サボテンは花も多様性に富んでいます。花の大きさは、エピテランサ属（*Epithelantha*）やマミラリア属（*Mammilaria*）のように直径6〜15 mm程度のものから（図2.44）、セレニケレウス属（*Selenicereus*）やヒロケレウス属（*Hylocereus*）、エピフィルム属（*Epiphyllum*）のように直径35 cmを超えるものもあります（図2.45）。

図2.44　マミラリア・アルビラナタ（*Mammillaria albilanata*）

形状も皿状花（dish-like）、鐘状花（bell-shaped）、花管が長く漏斗状になったもの（funnel-shaped）などさまざまです（図2.46）。

図2.45　エピフィルム・オクシペタルム（*Epiphyllum oxypetalum*）
写真：イメージマート

図2.46　エキノプシス・オキシゴナ（*Echinopsis oxigona*）
写真：イメージマート

大部分のサボテンは、ひとつの花に雄しべと雌しべの両方がある両性花をもちますが、少なくとも26種のサボテンは、雄しべまたは雌しべが退化した単性花（雄花、雌花）をもつことが報告されています（エキノケレウス属（*Echinocereus*）、キリンドロオプンティア属（*Cylindropuntia*）、コンソレア属（*Consolea*）、マミラリア属（*Mammillaria*）、オプンティア属（*Opuntia*）、パキケレウス属（*Pachycereus*）、ペレスキア属（*Pereskia*）、セレニケレウス属（*Selenicereus*）の8属に含まれる26種）。

花の色は、白・黄・オレンジ・ピンク・赤・紫など多様で、青や黒以外はほとんどあります。植物の葉や花の色は主に、フラボノイド（黄、橙、赤、青、紫など）、カロテノイド（黄〜オレンジ）、ベタレイン（黄、オレンジ、赤、紫など）、クロロフィル（緑）の4種類の色素により発現しており、これらは植物の四大色素と呼ばれています。このなかのベタレインは、ナデシコ目の一部の植物（サボテン科、スベリヒユ科、ハマミズナ科など）のみがつくることができ、サボテンの花色はベタレインによるものです。サボテン以外の多くの植物の花は、カロテノイドやフラボノイドにより多様な色を発現しています。

花は日中に咲くものと夜に咲くもののどちらもありますが、総じて開花時間は短く、数時間から長くて数日間しか咲きません。これは花からの水分損失を防ぐための仕組みと思われます。ちなみに、夜に咲く花は、色が白く香りの強いものが多いようです（色ではなく、香りで昆虫やコウモリなどの送粉者を呼ぶ）。

発芽してから花が咲くようになるまでの期間（「幼若期」と呼びます）も種により非常に幅があり、マミラリア属（*Mammillaria*）などは発芽してから数年以内に咲くものが多いのですが、エキノカクタス・グルソニー（*Echinocactus grusonii*）のように20年以上かかるものもあります。

花座って何？

多くのサボテンの花は刺座から発生しますが、一部のサボテンは成熟すると花座（はなざ）（英語では「cephalium（セファリウム）」）という特殊な器官を形成し、そこから多数の花を咲かせます。

花座は生殖に特化した器官で、トゲや毛（トライコーム）が密生しており、光合成もしません。また、発生の仕方もさまざまで、頂部にできるもの（メロカクタス属（*Melocactus*、図2.47）やディスコカクタス属（*Discocactus*）、バッケベルギア・ミリタリス（*Backebergia militaris*）など）、側面にできるもの（エスポストア・メラノステレ（*Espostoa melanostele*）、コレオセファロケレウス・プルプレウス（*Coleocephalocereus purpureus*）など。図2.48）、茎の周囲にリング状にできるもの（アロハドア・ロダンサ（*Arrojadoa rhodantha*、図2.49）など）などがあり、色も白や赤、褐色などそれぞれ特徴があります。

花座は、花や果実などを、高温や乾燥などの環境ストレスや動物の捕食から守ったり、送粉者を誘因したりする働きをしていると考えられています。

2021年に発表された研究では、メロカクタス・マタンザヌス（*Melocactus matanzanus*）の花座は、多数の種子を保持しており（トゲの間などに数百個以上）、さらに種子の発芽能力を長期間にわたって維持していることが明らかにされました。花座の内部は木質化が進んでおり、個体が枯死しても茎部分に比べて腐りにくく、形が維持されます。そのため、花座には、親個体が枯死した後にも種子を乾燥や動物の捕食か

図2.47　メロカクタス・アーネスティ（*Melocactus arnesty*）
上の赤い部分が花座。

図2.48　エスポストア・ラナタ（*Espostoa lanata*）の花座（lateral cephalium）

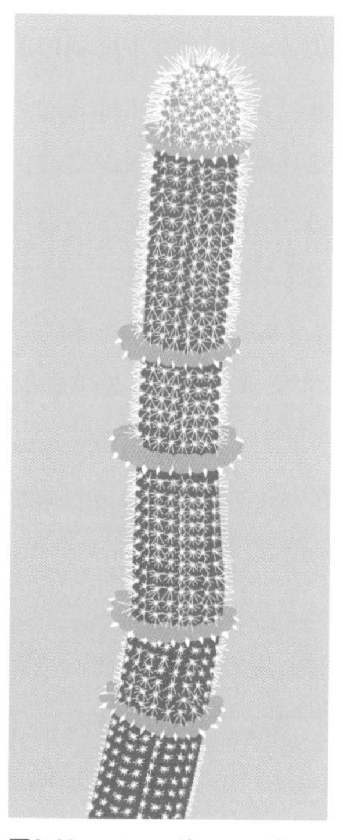

図2.49　アロハドア・ロダンサ（*Arrojadoa rhodantha*）の花座

ら保護し、繁殖を助ける働きもしている可能性があります。

次に、観賞用サボテンとして国内でも人気のあるメロカクタス属（*Melocactus*）の花座を例に、花座の発生過程を紹介しましょう。

メロカクタス・マタンザヌスは発芽後に数年間の栄養成長期間（茎などを成長させる時期）を経た後に、茎頂分裂組織から花座を発生させます。詳細は明らかになっていませんが、花座の発生には、植物体が一定以上の大きさになることが必要と考えられています（十分な水・光・養分のある環境下では、発芽後3年程度で花座が発生）。花座は茎の部分に比べて刺座が密に詰まっており、そこから多数のトゲと毛（トライコーム）が発生します。また、花座から発生するトゲは、緑色の茎部分の刺座から発生するトゲとは色・太さ・長さなどが異なっています。花座は発生後も伸長成長を続け、毎年多数の花を咲かせます（30年以上伸び続けることも）。花座の表皮組織は葉緑体がないため光合成できません。そのため花座の維持や成長に必要なエネルギーはすべて、植物体下部の茎（緑色部分）で行なわれた光合成に由来しています。

バッケベルギア・ミリタリスもある程度の大きさになると、茎の先端部にブラシのような花座を発生させますが（図2.50）、この花座の状態は一定期間しか保持されず、その後、花座の頂部からまた新しいシュート（緑色の茎）が発生します。発生した茎は2～3m程度伸長するとまた頂部に花座を発生させ、以後も茎の伸長（栄養成長）と花座の発生（生殖成長）を繰り返します。

アロハドア・ロダンサはリング状の花座をもっています。これは茎頂分裂組織が茎の伸長（栄養成長）と花座の発生（生殖成長）を交互に（または同時に）行なっているためと考えられています。

植物の発生段階は、幼若相と成熟相の大きく2つに分けることができます。成熟相とは、植物が花を咲かせる能力をもった状態を指します。植物が幼若相から成熟相に移行すると、葉の形や葉序（茎上の葉の配列）などが変化することがあります。例えば、ウコギ科の被子植物であるセイヨウキヅタでは、幼若相の個体は切れ込みのある葉をもちますが、成熟相になると切れ込みのない卵型の葉をつけるようになります。サボテンの花座も、幼若相から成熟相になった際

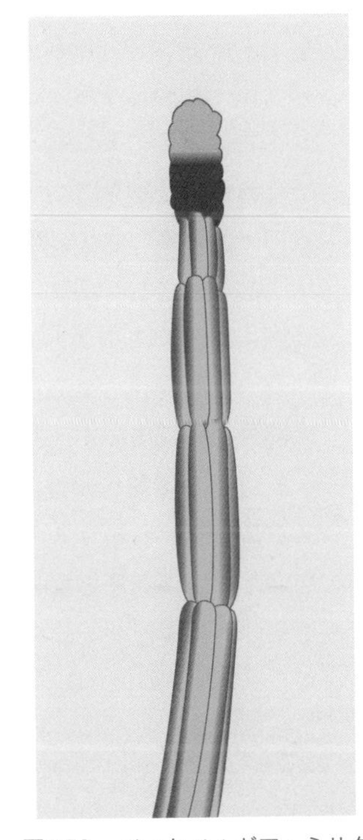

図2.50　バッケベルギア・ミリタリス（*Backebergia militaris*）の花座

の形態変化の一例といえます。

ちなみに、花を咲かせるまでの期間（幼若期）は、植物種により大きく異なります。例えば、草本植物では数日間のものもありますが、リンゴなどの果樹は4～8年と長くなります。前述のように、サボテンは数年～20年以上と種によって幅があります。

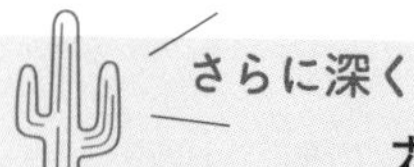

花座と偽花座

花座の定義にも諸説ありますが、2016年には次のように定義しようと提唱されました。

（1）花が発生する領域で、トゲや毛（トライコーム）が高密度に存在している
（2）刺座同士の間隔が茎（栄養器官）に比べて非常に狭い
（3）皮下組織に周皮（コルク層）が形成されて木質化しており、気孔や緑色組織をもたない（光合成を行なわない）

これらの基準をすべて満たすものを「花座（cephalium）」と呼び、これらの一部を満たさない類似の構造を「偽花座（pseudocephalium）」（pseudoは「偽物・疑似」の意）といいます。

例えば、エスポストア・セニリス（*Espostoa senilis*）は、茎側面の一部に長い毛を発生させ花座状のものをつくりますが、刺座同士の間隔は他の部分と同程度です（刺座が密接していない）。また、この花座状のものは表皮付近の木質化が進んでおらず、光合成能をもちます。そのため、エスポストア・セニリスの花座状のものは先ほどの条件の（1）しか満たさないため、偽花座となります。

その他にも、ケレウス属（*Cereus*）、エスポストア（*Espostoa*）、パキケレウス属（*Pachycereus*）、ピロソケレウス属（*Pilosocereus*）、ミクラントケレウス属（*Micranthocereus*）などに含まれる一部の種が偽花座をつくることが明らかとなっています。

第3章

サボテン・多肉植物がすごい理由は体内にある

サボテンはなぜ水が少ないところで生きられる？
——水を貯える体の構造

サボテンを含む多肉植物は、多肉質の茎や葉に多量の水分を貯えることができます。例えば、高さが約10mのカルネギア・ギガンテア（*Carnegia gigantea*）だと、体に約7トンもの水分を貯えています。体に水分を多量に保持することで、長期間の乾燥に耐えられます。オプンティア・バシラリス（*Opuntia basilaris*）は約3年、コピアポア・シネレア（*Copiapoa cinerea*）は約6年の干ばつに耐えたという報告があります。ここでは、サボテンの茎の内部構造とその働きを見てみましょう。

図3.1は、マミラリア・ディオイカ（*Mammillaria dioica*）の縦断面と横断面を示したものです。サボテンの茎は外側から、表皮、皮層（ひそう）、維管束、髄（ずい）に大きく分けられます。表皮は主に茎内の水分を逃がさない働きをしており、維管束は養分や水分を運んだり、植物体を支えたりする役割を担っています。根から吸収した水を貯める役割を果たしているのは、主に皮層と髄です。

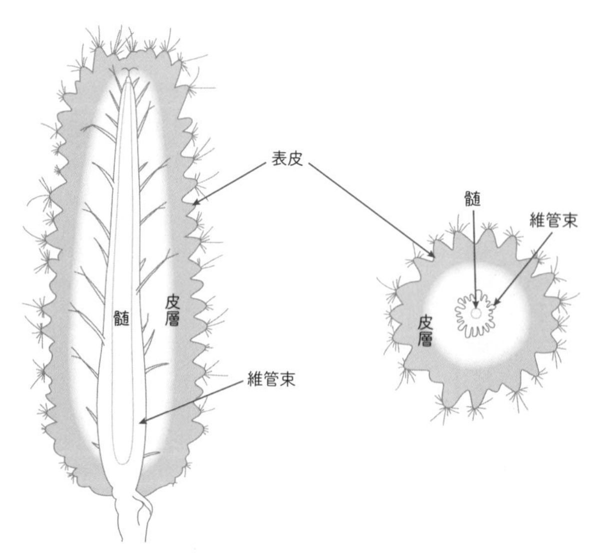

図3.1　マミラリア・ディオイカ（*Mammillaria dioica*）の断面図

皮層の厚さは種により幅がありますが、カクタス亜科のサボテンでは1〜7cmほどの厚さがあり、エキノカクタス・プラティアカンサス（*Echinocactus platyacanthus*、図3.2）では30cmにも達します。他の植物、例えばモデル植物として研究でよく使用されるアブラナ科のアラビドプシス・サリアナ（和名シロイヌナズナ、*Arabidopsis thaliana*、図3.3）の皮層の厚さは約0.05mmなので、サボテンの皮層が非常に厚いことがわかります。

図3.2　エキノカクタス・プラティアカンサス（*Echinocactus platyacanthus*）
写真：イメージマート

図3.3　アラビドプシス・サリアナ（*Arabidopsis thaliana*）
写真：2Dvisualize / shutterstock

サボテンの茎を切ると、外側の部分は緑色、内側の部分は白〜黄色をしています。これは、茎内の位置により細胞の役割が異なるためです。皮層は大きく2つの領域に分けられます。1つ目は、葉緑体を含む細胞で構成された、光合成を担う領域（皮層の外側）で、2つ目は、その内側にあり、光合成を行なわず、主に水や養分を貯蔵する細胞で構成される領域（皮層の内側）です。

皮層の内側は、多くのサボテンにおいて水分を貯蔵するメインの場所となっています。この領域の細胞は、外側の光合成を行なう細胞に比べて細胞壁が薄く、柔らかい構造をしています。これは、外側の光合成を行なう細胞へ水を渡しやすくするための仕組みと考えられています。サボテンが乾燥にさらされたときには、外界との接点である表皮付近の細胞から真っ先に水が失われます。しかし、茎の外側にある細胞は光合成という重要な役割を担っており、細胞内の水がなくなると光合成能力も低下してしまいます。そこでサボテンは、皮層内側や髄にある細胞に保持されている水分を移動させることで、皮層外側で光合成を行なう細胞の水分量を維持します（そのため、サボテンは乾燥にさらされると、皮層内側や髄の細胞が先に縮んでいきます）。

細胞壁が厚くて細胞が硬いと（可変性がないと）、細胞内の脱水により細胞膜が細胞壁と離れることがあります。これを「原形質分離」と呼びます（図3.4）。原形質分離が起こると細胞膜が大きなダメージを受け、細胞が死んでしまうこともあります。それに対しサボテンは、皮層内側にある細胞の細胞壁を薄くして細胞の柔軟性を保つことで、水を失っても原形質分離を起こすことなく、細胞壁を含めた細胞全体を縮めることができます。

さらに、カクタス亜科のサボテンは、皮層内にも細い維管束を張り巡らすことで、水や養分の移動速度を向上させています。このような維管束を「皮層内維管束（cortical bundle）」と呼びます。この皮層内維管束は、カクタス亜科以外のサボテン（コノハサボテン亜科・マイフエニア亜科・ウチワサボテン亜科）では確認されておらず、カクタス亜科が現れた後に出現した比較的新しい形質です。皮層内維管束がないと、皮層内での水の移動は物質の濃度差による拡散に依存することになります。これだと水の移動速度は遅くなり、さらに水を特定の細胞（光合成する細胞など）へ優先的に渡すことも困難になります。維管束は、例えると養分や水分を通す配管です。カクタス亜科のサボテンではこ

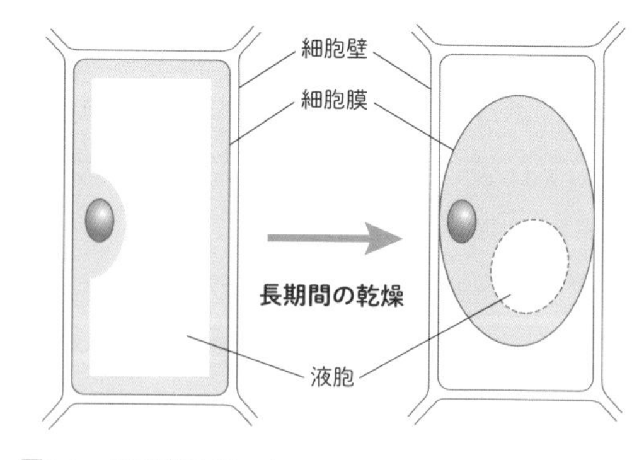

図3.4　原形質分離

の配管を皮層内に張り巡らすことで、根から吸収した水を素早く表皮付近の細胞へ輸送し、乾燥下でも光合成能力を保つことができます。ちなみに、皮層内維管束は、光合成でつくられた糖を、表皮付近の細胞から皮層内側の細胞へと運ぶ役割も担っています。

髄は茎の中心にある領域で、主に養分や水分の貯蔵場所として機能しています。髄の厚さは、エピフィルム属（*Epiphyllum*）やリプサリス属（*Rhipsalis*）などの着生サボテンのように1〜2mm程度のものから、デンモザ属（*Denmoza*）のように14cmを超えるものまで、種によって幅があります。髄は、皮層内側領域と同様に、主に薄い細胞壁の細胞で構成され、デンプン粒（デンプンが粒状になっているもの）を含む細胞が多いのが特徴です（養分の貯蔵）。カクタス亜科のサボテンでは、髄内にも維管束が張り巡らされており、効率的な養分や水分の移動が可能となっています（コノハサボテン亜科・マイフエニア亜科・ウチワサボテン亜科のサボテンでは確認されていません）。

さらに深く

乾燥から身を守る植物の工夫

UNEP（国連環境計画）によると、乾燥地とは、乾燥度指数（年降水量／蒸発散位）が0.65よりも小さくなる気候下にある地域とされ、世界の陸地の約40%を占めています。

乾燥地にはサボテン以外にもさまざまな植物が暮らしており、それぞれに乾燥から身を守る特徴的な仕組みを備えています。例を挙げると、①体（葉・茎・根）に水を貯える（図3.5、3.6）、②体の表面積を小さくして水の蒸散を減らす（図3.7、3.8）、③気温が高く降水量の少ない乾季に休眠する（一時的に葉を落とす、成長を止める（図3.9）、など）、④乾季までに種子を残して枯れる（一年生植物、図3.10）、⑤特殊な光合成を行なう（「サボテンの特殊な光合成」（88ページ）を参照。図3.11）、などがあります。

図3.5　葉に水を貯めるアロエ・ディコトマ（*Aloe dichotoma*）

図3.6　根に水を貯めるイポメア・プラテンシス（*Ipomoea platensis*）

図3.7　葉を小さくして水の蒸散を減らすポーチュラカリア・ナマクエンシス（*Portulacaria namaquensis*）

図3.8　葉を小さくし、茎でも光合成を行なうセルシディウム・ミクロフィルム（*Cercidium microphyllum*）

図3.9　気温が高く降水量の少ない乾季に休眠するパキポディウム・ブレビカウレ（*Pachypodium brevicaule*）

図3.10　乾季までに種子を残して枯れるロダンセ・アンテモイデス（*Rhodanthe anthemoides*）

図3.11　特殊な光合成を行なうハオルチア・クーペリ（*Haworthia cooperi*）

サボテンは太いほうが生存に有利？
――成長速度と乾燥耐性のトレードオフ

サボテンは、茎に水分を貯めることで、乾燥した環境でも長期にわたって生きることができます。しかし、茎に水分をたくさん貯めるのは、必ずしもいいことばかりではありません。茎に貯める水分の量が増えると、茎が膨らんで太くなります。すると当然、茎の体積が大きくなりますが、茎の表面積に対する体積の割合も増加します（体積／表面積が増加）。成長に必要なエネルギーを生み出す光合成を行なうのは表皮付近の細胞で、茎内部にある大部分の細胞は光合成をせず、呼吸によってエネルギーを消費します。つまり、茎が太くなると、長期間の乾燥に耐えられるようになりますが、光合成を行なわない細胞の割合が増え、成長に回すことのできるエネルギーが少なくなってしまいます。実際に柱サボテンでは、茎の太さ（体積／表面積）と成長速度・乾燥耐性との間には明確な関係性があることが示されています。

まとめると、茎の表面積は光合成能力（成長速度）に関係し、茎の体積は養分や水分の貯蔵能力（乾燥への耐性）を決定します。しかし、これらはトレードオフの関係にあり、どちらかを優先すると、どちらかの能力は低下します（図3.12）。なので、最適な茎の太さや形状は、そのサボテンが生育する環境によって変化します。例えば、降水量の比較的多い地域では、体積／表面積の比率が小さいものが、そして、乾燥期間が長い地域では体積／表面積の比率が大きいものが、生存に有利になると予想されます。

極端な例だと、熱帯地域に自生するエピフィルム属（*Epiphyllum*）が挙げられます。エピフィルム属は稜が2つで平たい葉のような茎をしており、茎の体積に対する表面積の割合が非常に高くなっています。エピフィルム属の多くは降水量の多い熱帯地域に自生しており、乾燥耐性はほとんど必要ありません。それよりも、成長速度（伸長速度）を高めて、他の植物との光や養分を巡る競争に負けないことが重要になります。平たい茎だと貯水能力（乾燥耐性）は小さくなりますが、光合成で得られたエネルギーの多くを成長に利用することができます。

図3.12　成長速度と乾燥耐性の関係
（左）エピフィルム・オクシペタルム（*Epiphyllum oxypetalum*）
体積/表面積が小さい　→　乾燥耐性 小、成長速度 大
（右）エキノカクタス・プラティアカンサス（*Echinocactus platyacanthus*）写真：イメージマート
体積/表面積が大きい　→　乾燥耐性 大、成長速度 小

サボテンの表皮組織は防水シート？

茎の最も外側にあり、外界と接している表皮の特徴を見てみましょう。サボテンの表皮組織は通常、1層の表皮細胞（epidermis）と、その下にある数層の皮下細胞（hypodermis）で構成されています（トリコケレウス連やパキケ

レウス連などに属する複数のサボテンは、2層以上の表皮細胞からなる多層表皮をもつことが報告されています）。

この表皮には主に、①ガス交換（二酸化炭素の取り込みと酸素の排出）、②水分の保持（体の中の水を逃がさない）、③強い光や病原菌に対する防御、などの働きがあります。

表皮細胞の形は、長方形や円すい形（ドーム型）など、種によりさまざまですが、比較的規則正しく並んで互いに密着しているのが特徴です（図3.13）。

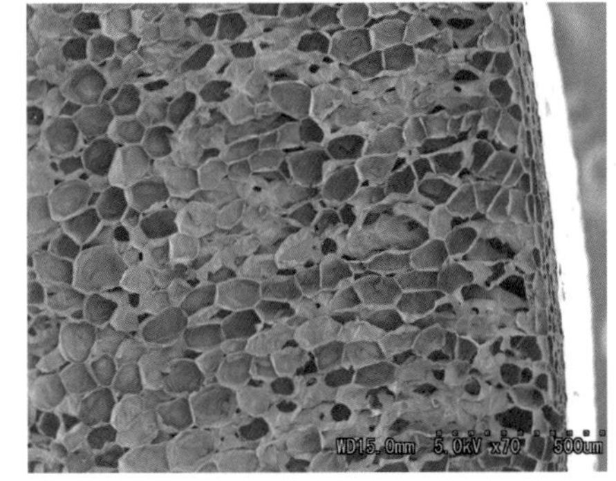

図3.13　ノパレア・コケニリフェラ（*Nopalea cochenillifera*）の表皮付近の組織

ちなみに、オプンティア・フィクスインディカ（*Opuntia ficus-indica*）の表皮組織を調べた研究では、表皮細胞の細胞壁は比較的薄く、皮下細胞の細胞壁は非常に厚く強固であることが報告されています。

表皮は、クチクラ（cuticle）と呼ばれる脂質膜で覆われています（クチクラ層）。クチクラ層は、脂質や高級脂肪酸などからできているワックス、不飽和高級脂肪酸などの重合体であるクチンから構成されており、疎水性（水をはじく性質）があるので、水の透過を強く制限します（図3.14）。植物のクチクラ層の厚さは0.1～10μm程度が一般的ですが、ウチワサボテン亜科のサボテンでは8～58μm、カクタス亜科では200μmに達する場合もあります。サボテンの厚いクチクラ層は、水分損失の減少や病原菌への抵抗性向上に役立っていると思われます。

また、表皮の一番外側にはワックスだけの層があります。ワックスは光を反射するため、強い光から身を守るのに役立っていると考えられます。一部のサボテンが若干光沢をもっていたり、茎の表面が粉っぽくなっていたりするのは、ワックスが原因である場合がほとんどです（図3.15。トライコームやトゲで白くなっていることもあります）。

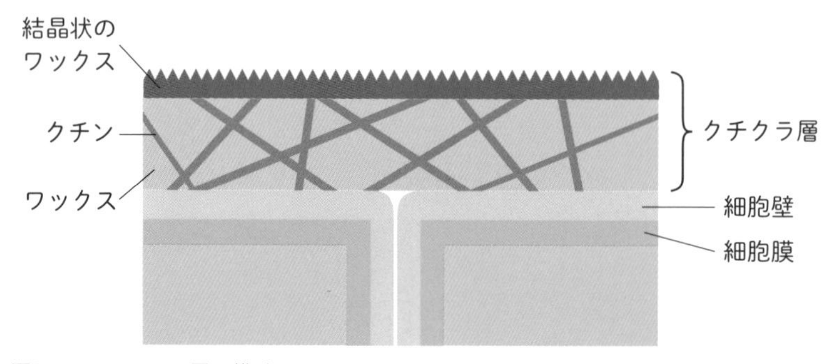

図3.14　クチクラ層の構造

ワックスの量は種によって異なりますが、アタカマ砂漠に自生するコピアポア・シネレア（*Copiapoa cinerea*）などは、多量のワックスが表皮外に分泌されるため、茎の色が真っ白になります。ちなみに、ワックスの合成量は、光の強さなど生育環境の影響を強く受けるため、日本で栽培されたコピアポア・シネレアのほとんどはあまり白くありません。

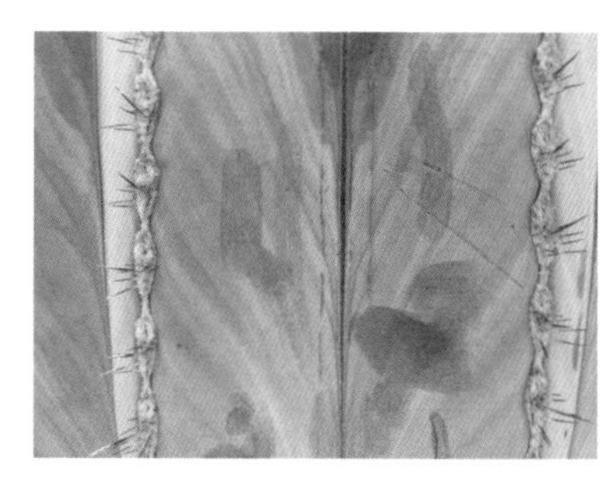
図3.15　パキケレウス・プリングレイ（*Pachycereus pringlei*）のワックス

茎の表皮にはガス交換に使われる穴（気孔、図3.16）がありますが、これにもサボテンならではの特徴があります。気孔の数（密度）が一般的な植物に比べて少ないのが一番の特徴です。一般的な植物では、気孔は1 mm^2（1 mm × 1 mmのスペース）あたりに100～300個程度ですが、多くのサボテンでは20～80個程度しかありません。これも水分損失を減らすための適応と思われます。

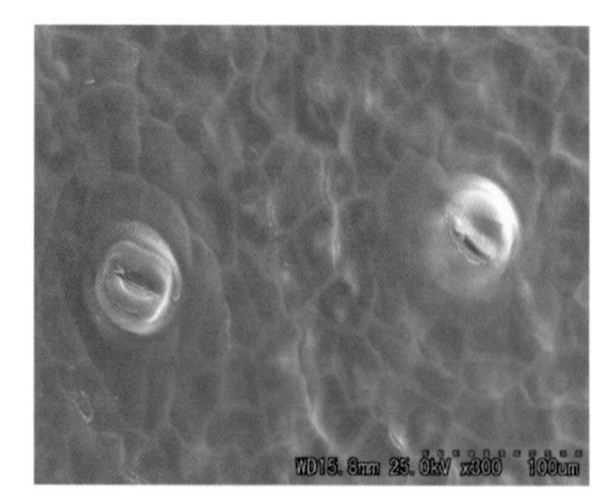

図3.16　ノパレア・コケニリフェラ（*Nopalea cochenillifera*）の気孔

また、多くのサボテンの気孔は若干、

窪んでいるという特徴があります。これは気孔が周囲の表皮細胞と同程度〜低い位置に沈み込むことで、気孔を気流から保護して水分の蒸発を防ぐのに役立っていると考えられています。このような沈み込んだ気孔は、アガベ、アカシア、ユッカなど、乾燥地に自生する植物に広く見られる特徴です。

ワックスの構造

ワックスは、クチクラ層の一番外側に結晶の状態で存在し、その結晶構造は植物種により多様性に富んでいます（図3.17）。

1998年に発表された1万3000種の植物のワックス構造を解析した研究では、ワックスの結晶構造は23タイプに分類されています。そのうちの一部を図3.17に紹介しますが、非常に不思議な形もあり、その役割や形成過程に興味がもたれます。

前述のように、サボテンのなかにはワックスを多く分泌するものがあり、このワックスはサボテンの茎が青色を帯びたり白く見えたりする原因にもなります。

サボテンのワックスの構造はほとんど調べられていませんが、例えば、オプンティア・フィクスインディカ（*Opuntia ficus-indica*）は図3.17のAのような滑らかな構造、コピアポア・シネレア（*Copiapoa cinerea*）は図中のCのようなでこぼこした構造をしていることが明らかになっており、種によってかなり構造が異なるようです。

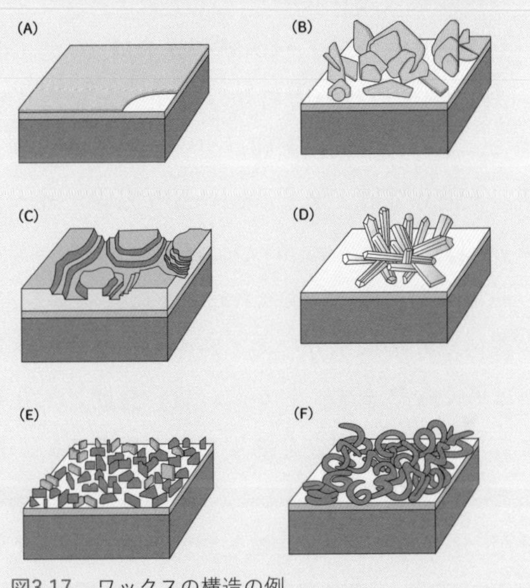

図3.17　ワックスの構造の例
Barthlott W *et al*.（1998）を参考に作成。

サボテンの特殊な光合成——CAM型光合成

サボテンはなぜ水が少ない乾燥地でも生きていけるのでしょうか？　それは、サボテンが水をたくさん吸収する仕組みと、吸収した水を逃がさない仕組みの両方を発達させているからです。ここでは、サボテンが行なう特殊な光合成について紹介します。

光合成とは、植物が光エネルギーを利用して、大気中の二酸化炭素（CO_2）と根から吸い上げた水をもとに有機物（糖）を合成する反応です。一般的な植物は、光合成を行なうために、日の当たる日中に葉の裏側にある気孔を開いてCO_2を取り込みますが、このとき、植物体内部の水分が気孔から外に出ていきます。このように、気孔など植物の地上部から水が出ていくことを「蒸散」と呼びます。蒸散には、気化熱によって植物体表面の温度を下げ、葉などを太陽光の熱などから守る働きがあります。しかしながら、砂漠のような乾燥地帯では日中の気温が非常に高いため、蒸散によって大量の水が失われてしまいます。乾燥地帯では降水量も少ないため、生きるために必要な光合成が、逆に命取りになりかねません。

そこでサボテンは、CAM型光合成（Crassulacean Acid metabolism:ベンケイソウ酸代謝）と呼ばれる特殊な仕組みを発達させました。サボテンは涼しい夜に、茎にある気孔を開いてCO_2を取り込み、細胞の中でいったんリンゴ酸に変換して貯えます。朝になり太陽が昇ると気孔を閉じ、貯えたリンゴ酸をCO_2に戻して通常の光合成を行なうのです（図3.18）。

通常の光合成（C_3型光合成）と比較すると、CAM型光合成ではリンゴ酸の蓄積や分解に余分なエネルギーを必要とするので、エネルギー変換の効率は低くなります。しかし、暑い昼間に気孔を閉じた状態で光合成を行なえるため、水の損失を防ぐことができるのが最大の利点です。例えば、イネやコムギなどと比べると、CAM型光合成植物では成長に必要となる水の量が6分の1程度になることが報告されています。

CAM型光合成を行なう植物には乾燥地に自生するものも多く、サボテン

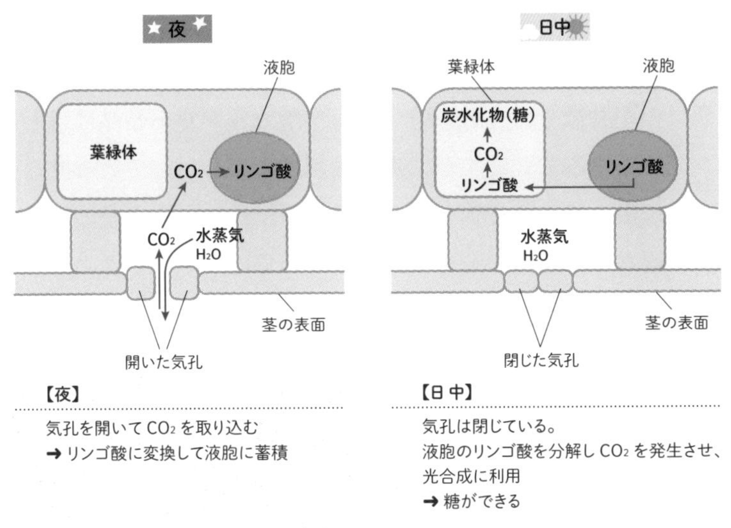

図3.18　CAM型光合成

科の他にも、パイナップル科、リュウゼツラン科、ベンケイソウ科、トウダイグサ科など30科以上にわたっています。また、同じ科のなかでもCAM型光合成をするものとそうでないものが混在している例がたくさんあります。ほとんどのサボテンはCAM型光合成を行ないますが、コノハサボテン亜科の多くはC_3型光合成をしています。さらに、水の供給が不十分なときはCAM型光合成を行ない、水が十分あるときは昼間に気孔を開いてC_3型光合成を行なうなど、環境に応じて光合成の仕方を使い分ける例も、ウチワサボテン亜科のサボテンで報告されています。

サボテンがつくるバイオミネラル

生物によってつくられる鉱物をバイオミネラルと呼びます。身近な例として、サンゴ、貝殻、真珠、甲殻類の外骨格、動物の骨、珪藻土などが挙げられます。

サボテンの体内を観察すると、いたるところにバイオミネラルであるシュウ酸カルシウム（CaC_2O_4）の結晶が見られます。表皮、皮下組織、皮層、髄など、植物体内のほとんどどこにでも存在していますが、特に表皮組織で量が多いのが特徴です（図3.19）。シュウ酸カルシウム結晶はほとんどのサボテンで観察されていますが、その役割はよくわかっていません。表皮付近の細胞に多く見られることから、動物や昆虫による食害の回避や、強烈な太陽光線からの防御などの役割があるのではないかと考えられています。

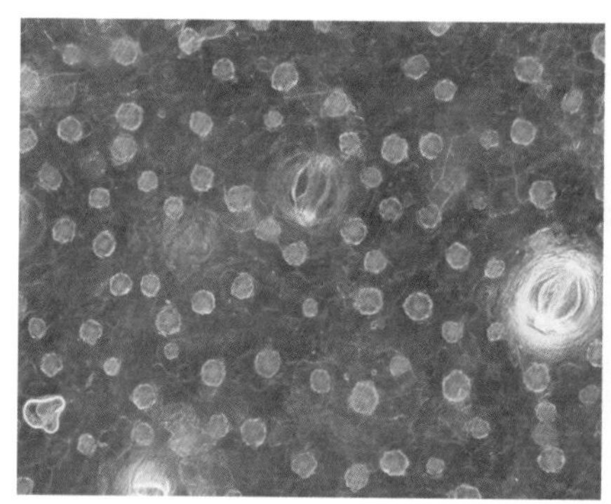
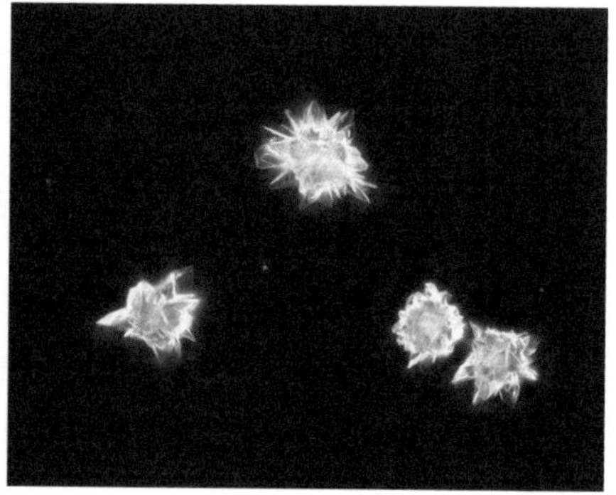

図3.19　ノパレア・コケニリフェラ（*Nopalea cochenillifera*）の表皮組織に含まれるシュウ酸カルシウム（茎の表面側から撮影）

近年、いくつかの植物では、シュウ酸カルシウム結晶がCO_2の貯蔵庫として機能していることが明らかとなっています。体内にシュウ酸カルシウム結晶を含む、ホソアオゲイトウ（*Amaranthus hybridus*）やセキチク（*Dianthus chinensis*）は、乾燥した環境ではこれらの結晶がシュウ酸オキシダーゼという酵素によって分解されてCO_2を放出し、光合成に利用されることがわかっています。乾燥にさらされると、植物は気孔を閉じて水分が体内から流出するのを防ぎますが、気孔を閉じると光合成に必要なCO_2を大気から取り入れることができません。シュウ酸カルシウム結晶をCO_2の貯蔵庫として利用することで、気孔を閉じた状態でも光合成を行なえるようにしているわけです（図3.20）。

十分なデータはありませんが、サボテンの体内にあるシュウ酸カルシウム結晶も、同様の役割を担っている可能性があります。前述のようにサボテンはCAM型光合成を行なっており、液胞内に貯まったリンゴ酸もCO_2の貯蔵庫として機能しています。サボテンはCO_2をリンゴ酸やシュウ酸カルシウムなどさまざまな物質に変換し、例えば、リンゴ酸は短期的な貯蔵庫（一日スケールで量が変動）、シュウ酸カルシウム結晶は長期的な乾燥に対応するための貯蔵庫などと、使い分けているのかもしれません。

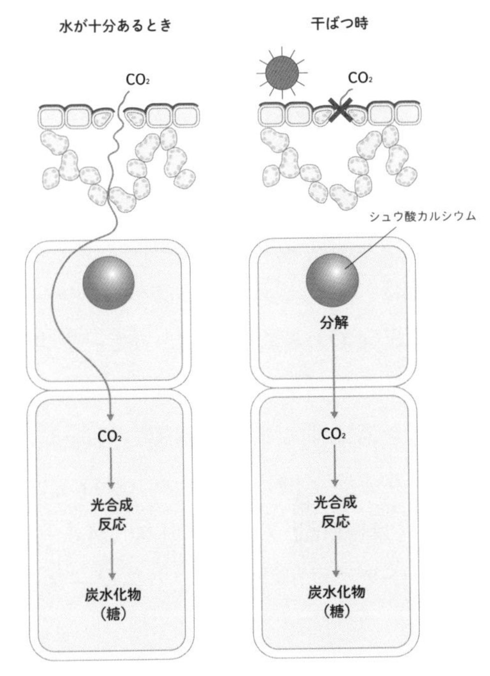

図3.20　シュウ酸カルシウムを利用した光合成
一部の植物はシュウ酸カルシウムの結晶を非常用のCO_2源として利用している。

サボテンの切り口はなぜネバネバする？

サボテンの茎を切って断面を触ると、ネバネバしているのがわかります。これはサボテンの細胞内に含まれる粘液によるもので、ほぼすべてのサボテンは葉や茎、果実内に粘液を含んでいます。

この粘液にはどのような役割があるのでしょうか？　粘液は主に多糖類から構成されており、水を引きつける性質をもちます。そのため、粘液の主要な役割は、植物体に含まれる水分を強く保持して外に逃がさないことであると考えられています。

その他にも、サボテンの粘液は負電荷をもつ（粘液全体としてマイナスの電荷をもつ）ため、陽イオンやアルカロイドなどさまざまな化合物を引きつけて体内に貯蔵する役割も担っていると思われます（一部のアルカロイドは、動物からの食害回避に役立つ)。

また、最近の研究では、氷点下の環境において、粘液は細胞が凍結して壊れるのを防ぐ役割をもつこともわかっています。果実に含まれる粘液については、種子へ水分を供給したり、土壌や動物へ付着したりする役割があるとの報告があります。

粘液は、アラビノースやガラクトースなどの単糖が鎖状につながった多糖が主成分であることがわかっています。ちなみに、私たちが食品としても利用するデンプンは、グルコースという単糖が鎖状につながった多糖です。

多糖を構成する単糖の種類と割合は、サボテンの種類や成長段階によって異なります。例えば、オプンティア・フィクスインディカ(*Opuntia ficus-indica*)の粘液は、アラビノース(24.6〜42.0%)、ガラクトース(21.0〜40.1%)、キシロース(22.0〜22.2%)、ラムノース(7.0〜13.1%)、ガラクツロン酸(8.0〜12.7%)などで構成されると報告されています(図3.21)。

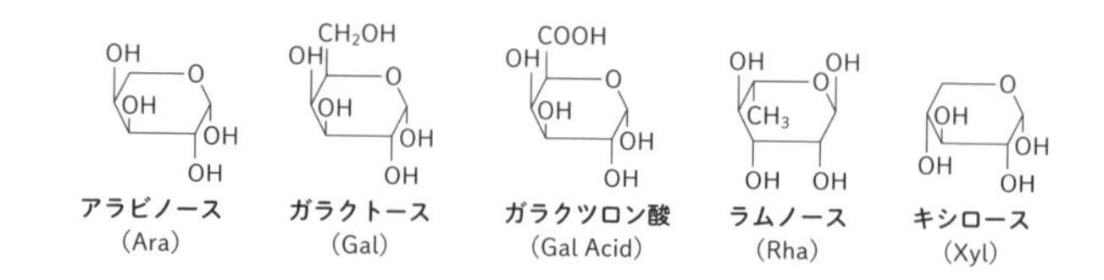

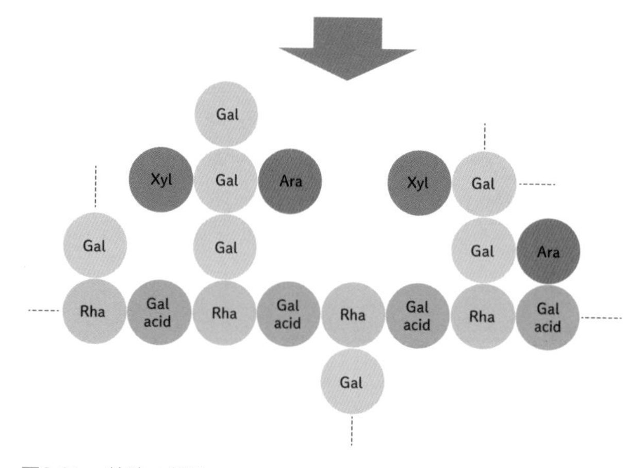

図3.21　粘液の構造

粘液は、粘液細胞という特殊な細胞内で合成された後、細胞外に分泌されて、細胞と細胞の間(細胞間隙)に蓄積していきます。粘液細胞の大きさは0.04〜1.0 mmほどと幅があり、茎内の皮下組織・皮層・髄などいたるところに存在しています。ちなみに、アロエなど他の多肉植物にも粘液を含むものがあり、サボテンと同じく、粘液を構成する多糖の組成や立体構造は種によって異なるようです。

この粘液、私たちの暮らしの役に立つ可能性があります。近年、サボテンに含まれる粘液を産業に利用しようと研究が盛んに行なわれています。例えば、粘液の生理作用として、血中コレステロール減少作用や血糖値上昇抑制作用、抗潰瘍作用、抗酸化作用などが報告されており、機能性食品素材としての利用が期待されています。さらに、生分解性（微生物によって分解される性質）のポリマーとして活用する研究も進んでおり、安全性の高い食品用フィルムやコーディング剤、添加物（増粘安定剤、乳化剤）などとして、食品業界や化粧品業界から注目を浴びています。

貯えられた水分が根から流出しない仕組み

植物の根（図3.22）は土壌中の水を吸収する役割を担っていますが、土壌が乾燥した場合には、逆に植物の根から土壌中へ水分が出ていってしまうことがあります。少し細かい話をすると、水の移動は、水ポテンシャル（水が移動するための駆動力）によって決まり、水ポテンシャルが高いほうから低いほうへと移動します。通常、植物は蒸散などの働きにより、体内の水ポテンシャルを土壌の水ポテンシャルよりも低く維持することで、土壌中の水を吸収します。しかし、干ばつなどにより土壌が極端に乾燥すると、土壌の水ポテンシャルが植物体内（根の細胞）の水ポテンシャルよりも低くなることがあります。そうすると、植物は土壌中の水を吸収できなくなるばかりか、体内の水分を根から乾いた土壌中へ逃がしてしまうことになります。

前述のように、サボテンの茎には多量の水分が貯えられており、茎と根はつながっています。そして砂漠のような地域では、土壌は基本的に乾燥しているため、サボテンは常に乾いた土によって、根から水が奪われる危

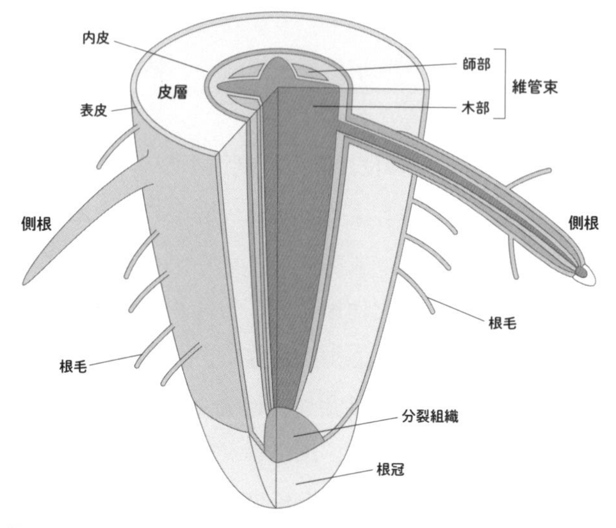

図3.22　根の構造

険性に直面しています。

サボテンはこの問題にどのように対応しているのでしょうか？　その秘密は、茎と根の境界部分や、根の内部構造にあります。根からの水の流出を防ぐ方法としては、(1) 細根を脱離する、(2) 根と土壌との間に空気の層を形成する、(3) 根にスベリンを蓄積する、(4) 通水組織の数と太さを変化させる、(5) キャビテーションにより道管を塞ぐ、などが挙げられます（図3.23)。以下で概要を紹介します。

(1) 細根を脱離する

土壌が乾燥すると側根から生じている雨根などの細い根の多くが枯死して、側根から脱けて離れます。これにより通水性の高い細根が減り、さらに、根と土壌が接する面積を小さくする効果があります。

(2) 根と土壌との間に空気の層を形成する

オプンティア属（*Opuntia*）などのサボテンでは、土壌が乾燥すると、根の直径が皮層細胞の縮小により約40％収縮することが報告されています。

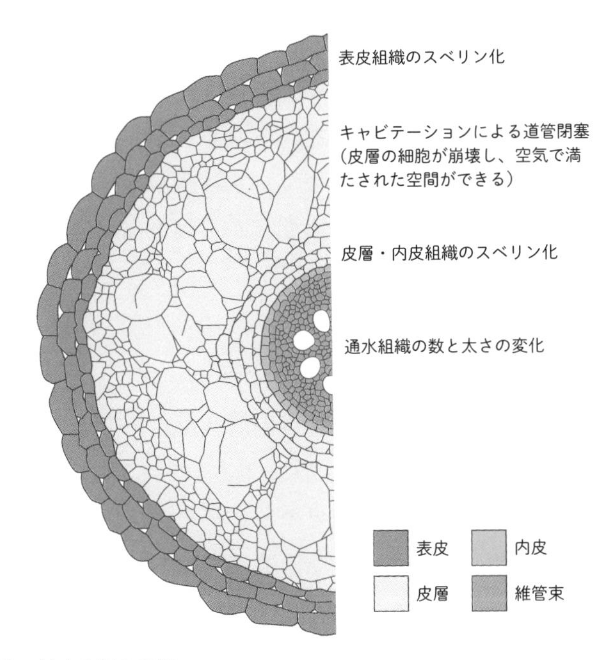

図3.23　乾燥に対する根の応答
干ばつ時には、さまざまな仕組みにより根の通水性を減らし、水分の流出を防いでいる。

収縮により根と土壌との間に空気の層ができ、乾いた土壌と根との接点が減ることで水の損失を抑えます。

(3) 根にスベリンを蓄積する

スベリンは、植物が生産する脂質の一種で、水をはじく性質があります。乾燥に長期間さらされると、根の表皮組織と内部組織（皮層の内側および内皮の細胞）の細胞壁にスベリンが沈着します。これにより根の通水性が減り、根の内部から外側（土壌中）への水の流出も減少します。

(4) 通水組織の数と太さを変化させる

土壌から吸収された水は、根の通水組織（道管と呼ばれる管）を通って植物体内を移動します。オプンティア・ミクロダシス（*Opuntia microdasys*）では、この道管の数と直径が、茎と根の境界領域で変化することが報告されています。具体的には、境界領域の下側（根側）から上側（茎側）に向かうにつれ、道管の数が増え、さらに直径が太くなっていました。直径が太くなると、道管の通水性は著しく上昇します（通水量は道管直径の4乗に比例します。例えば、道管の直径が2倍になると、通水性は16倍になります）。つまり、茎と根の境目の領域において、水は根から茎側に向かって流れやすい構造になっていて、これにより茎から根方向への水の移動が抑制されます。

(5) キャビテーションにより道管を塞ぐ

道管内に気泡が発生することを「キャビテーション」と呼びます。キャビテーションを起こした道管では、水の通り道が気泡で分断されるため、透水性が著しく低下します。オプンティア・ミクロダシスでは、乾燥した環境に置くと、茎と根の境界領域でキャビテーションがよく起こることが報告されています。茎と根をつなぐ道管をキャビテーションにより塞ぐことで、茎から根への水の流出を防いでいると考えられています。オプンティア・ミクロダシス以外でも、複数のサボテンで同じような現象が観察されています。

このように、サボテンは、さまざまな仕組みを発達させることで、根からの水の流出を防いでいます。ちなみに、根の形態変化による脱水対策は、アガベなど他の多肉植物でも報告されています。

サボテンの骨――サボテンを支える構造

多肉質で柔らかいイメージのあるサボテンですが、大型のサボテンの多くは、内部に骨格のような木質構造をもっています。例えば、パキケレウス属（*Pachycerus*）、ステノケレウス属（*Stenocereus*）、トリコケレウス属（*Trichocereus*）といった柱型サボテンや、オプンティア属（*Opuntia*）やキリンドロオプンティア属（*Cylindropuntia*）などのウチワ型サボテンです。

柱サボテンの自生地であるソノラ砂漠などに行くと、枯死したサボテン

図3.24　カルネギア・ギガンテア（*Carnegia gigantea*）の木質部（維管束）

の木質部を見ることができます（図3.24）。この木質部は養分や水分の通り道である維管束に、繊維組織やリグニンが蓄積して木質化したもので、大きくなった植物体を支える役割をしていると考えられています。大きさや形状もさまざまで、滑らかな表面をした木の棒のようなもの（パキケレウス属など）、ところどころに穴のあいたもの（キリンドロオプンティア属など）、網目状のもの（オプンティア属など。図3.25）など、多様性に富んでいます。

木質部は非常に頑丈なため、自生地では長らく建築材料として利用されてきました。また近年では、オプンティア・フィクスインディカ（*Opuntia ficus-indica*）など成長の早いサボテンの木質部が、乾燥地でも生産可能な紙の原料として注目されています。

図3.25　オプンティア・フィクス インディカ（*Opuntia ficus-indica*）の木質部（維管束）

サボテンの体を支える仕組みとして、この木質部（維管束の木質化）の他に、表皮組織の木質化が挙げられます。多くのサボテンは、成長して大きくなると、茎の基部部分（地面に近い場所）が木質化して硬くなります（図3.26）。これは表皮組織の下にコルク形成層という、細胞壁を厚くする組織ができるためと考えられています。木質化した表皮に覆われるため、この部分の茎では光合成ができなくなります。

図3.26　茎節基部が木質化したオプンティア・フィクス インディカ（*Opuntia ficus-indica*）

さらに深く

サボテンの楽器「レインスティック」

サボテンの木質部は「レインスティック」という楽器の材料になります（図3.27）。中空の木質部に、外側から内側に向かってサボテンのトゲなどが通してあります（木製や金属製の釘なども使用される）。中には小石や植物の種子などが入っており、レインスティックを上下に振ったり反転させたりすると、シャラシャラと雨のような音がします。

図3.27　レインスティック

講演やイベントの際によく持っていきますが、子供たちがとても喜んでくれます。チリやメキシコなど中南米で土産としてよく売られていますが、Amazonなどの通販

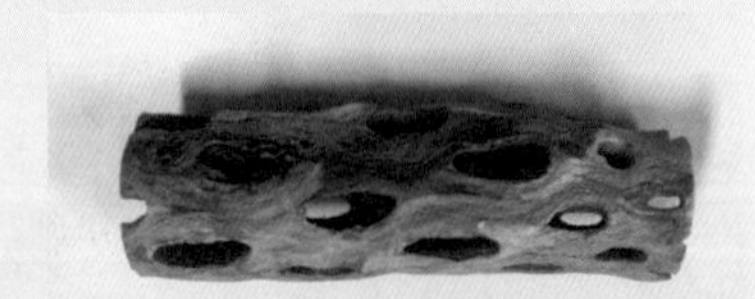

図3.28　キリンドロオプンティア属（種は不明）の木質部
インテリアなどとして販売されている。

サイトでも購入できます。
最近では日本国内でも、サボテンの木質部が「サボテンの骨」という名前でインテリア雑貨やアクアリウムの飾りとして販売されています（図3.28。特にキリンドロオプンティア属のものが多いように感じます）。

サボテンがもつ特殊な通水組織「WBT」

背の高い大型のサボテンとは異なり、小型のサボテンは木質部を発達させません。これは、小さなサボテンでは体を支えるために木質部のような強固な構造をつくる必要がなく、また、木質部を発達させると茎内のスペースが減り保水力が下がるというデメリットがあるためと考えられています。

多くのサボテンは、構造的な強度と保水力を両立させるために、「Wide-band tracheid（WBT）」と呼ばれる、特殊な通水組織を発達させています。Tracheidとは日本語で「仮道管」を意味し、WBTとは「通常よりも細胞壁が厚く強固な仮道管」を意味します。

ここで、植物の通水組織について少し紹介します。根で吸収された水は、維管束にある仮道管や道管を通って地上部に移動します。仮道管と道管は似た働きをしていますが、構造が若干異なります。仮道管は長く伸びた紡錘形の細胞で、いくつかの仮道管が側壁同士で接触し、重なり合って配置されています。隣接した仮道管の間には壁孔と呼ばれる穴が多数あり、これを通して隣の細胞へ水が運ばれます（図3.29）。裸子植物やシダ植物、針葉樹では、道管ではなく仮道管が水の主要な通路となっています。

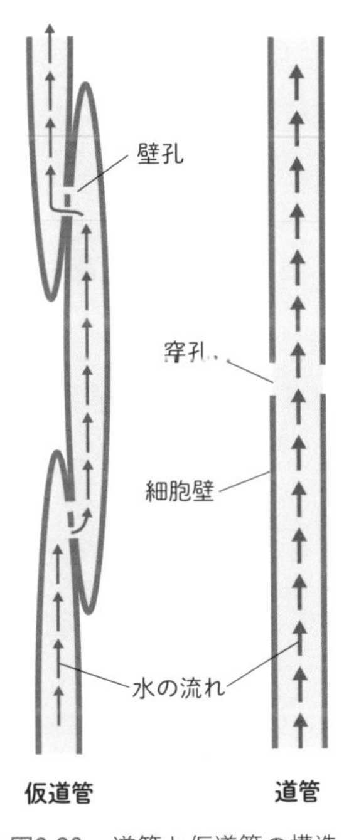

図3.29　道管と仮道管の構造

一方、道管は、紡錘形ではなく筒状の形をしており、水は主に上下の細胞のつなぎ目にある穿孔（せんこう）と呼ばれる大きな穴を通って移動します。被子植物は道管が主要な水の通路ですが、種や部位によっては仮道管もあります。また、進化的には、先に仮道管をもつ植物が現れ、後に道管をもつ植物が出現したと考えられています。

多くのサボテンは道管に加えて、WBTと呼ばれる仮道管をもっています。前述のように、WBTの特徴は他の植物がもつ仮道管に比べて細胞壁が厚く、物理的な強度が高くなっていることです。これには、植物体を支えることに加えて、脱水状態で仮道管が壊れることを防ぐ役割があると考えられています。細胞壁の薄い仮道管では、細胞が脱水したときに仮道管の構造が壊れて、その後、吸水しても元に戻ることができません。一方、WBTは通常の仮道管よりは強固ですが、木質化した繊維組織に比べると柔らかい組織です。この硬さと柔らかさを兼ね備えた性質により、干ばつ時には全体の構造を壊すことなく縮むことができ、また吸水した際には元の形に戻ることができます（図3.30）。

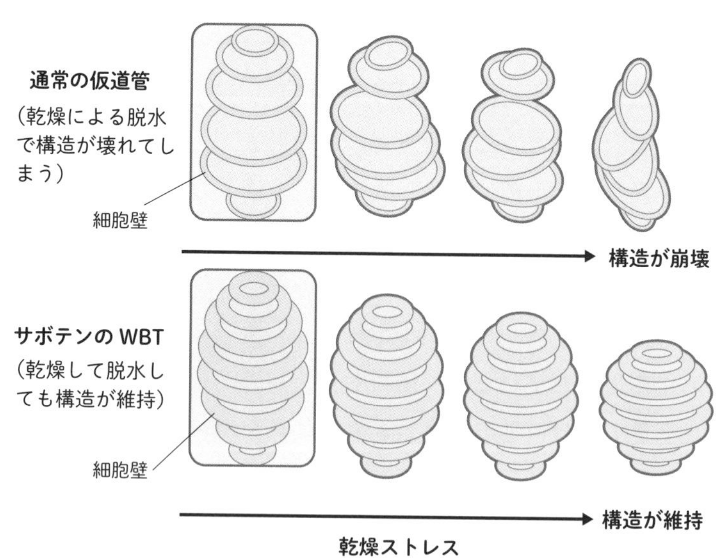

図3.30　サボテンのWBT
Landrum JV（2006）を参考に作成。

また、植物体を支えるのに保水力に富むWBTを使うことで、木質部や繊維組織を使った場合よりも茎の保水力を高く維持できます。

ちなみに、コノハサボテン亜科など樹木型のサボテンはWBTをもっていません。ウチワサボテン亜科やカクタス亜科のサボテンの多くはWBTをもっていることから、WBTはこれらのサボテンがコノハサボテン亜科と分岐してから生じた性質と考えられています。

低温に耐えるサボテン

読者の皆さんのなかには、冬にサボテンを枯らしてしまったという方も多いと思います。サボテンの生存にとって、寒さは暑さよりも大きな影響力をもっています。例えば、アリゾナに自生するカルネギア・ギガンテア（*Carnegia gigantea*）、ロフォケレウス・スコッティ（*Lophocereus schottii*）、ステノケレウス・サーベリ（*Stenocereus thurberi*）などの分布域は、その場所の最高気温や降水量ではなく、主に最低気温によって決まります（これらのサボテンはマイナス7〜マイナス10度の低温に一定時間さらされると枯死する）。

氷点下の低温の影響を受ける植物は、サボテンだけではありません。日本でも多くの植物が冬に枯れてしまいます。ではそもそも、低温はなぜ植物の生育に悪影響を及ぼすのでしょうか？

気温が氷点下になると、植物の体内が凍り始めます。このとき、氷晶は細胞内ではなく、細胞と細胞の間の空間（細胞間隙）に形成されます（図3.31）。細胞間隙には水蒸気や塩類などが存在していますが、多様な物質が溶けている細胞内に比べると溶質濃度が低いため、細胞内より高い温度で氷が形成されます（このように、溶質濃度が高いと凝固点が低くなる現象を「凝固点降下」と呼びます）。そのため、気温が氷点下に下がると、まず細胞間隙に氷が形成されます。いったん氷が形成されると、細胞内の水は細胞外（細胞間隙）へ移動するようになり、そこで次々と氷に変化していきます（氷の形成により細胞外の水ポテンシャルが低くなるため）。その結果、細胞間隙の氷

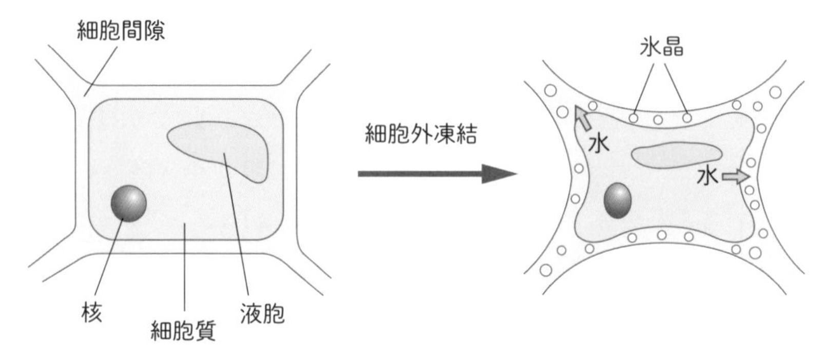

図3.31　細胞外凍結による脱水

は大きく成長し、細胞内は水を奪われて脱水状態になります。つまり、氷点下の低温にさらされた植物の細胞は、脱水と氷の成長による物理的なダメージなどが組み合わさった複合的なストレスを受けています。細胞の脱水や氷の成長が一定の水準を越えると細胞膜が壊れ、細胞は死に至ります。

植物はさまざまな手段で低温に対応しますが、サボテンを含めた多くの植物で観察される対策のひとつが、「低温順化」です。低温順化とは、植物が秋から冬にかけて気温の低下に応答して、低温耐性を高める現象です。詳細は省きますが、植物は低温順化のプロセスにおいて、細胞内糖濃度の上昇や細胞膜の質的変化などを進め、低温に対する耐性を高めていると考えられています。

低温順化は多くのサボテンでも観察されており、サボテンの低温耐性には細胞内の水分量や糖濃度が影響することが複数の研究で示されています。例えば、オプンティア・フィクスインディカ（*Opuntia ficus-indica*）とオプンティア・フミフサ（*Opuntia humifusa*）を用いた実験では、これらの植物を①昼温30度／夜温20度、②昼温10度／夜温0度という異なる環境条件に3〜4週間置き、その後、氷点下の低温に対する耐性を評価しました。その結果、どちらの種でも②の植物体のほうが低温に対する耐性が著しく高くなりました。またこのとき、②の植物体では、①の植物体に比べて、茎内の水分量が減少し、茎に含まれるグルコースやフルクトースなどの糖濃度が高くなっていました。

面白いことに、これらのサボテンの茎内にグルコースを直接注射すると低温に対する耐性が向上し、また水を注射すると低温に対する耐性が低下しました。これらの結果から、サボテンは細胞中の水分量を減らしたり、新たに細胞内で糖を合成したりすることで、細胞内の溶質濃度を上昇させ、細胞内外の凍結に備えているのではないかと考えられています。園芸書などでも、冬場はサボテンに水を与えないほうがいいとされますが、これは理にかなっていると思います。

ちなみに、過去の研究で、多くのサボテンはマイナス7〜マイナス10度の低温に1時間さらされると枯死することが、実験的に確かめられています。やはり多くのサボテンは低温にあまり強くないようです。しかし例外もあり、オプンティア・フラギリス（*Opuntia fragilis*、図3.32）というサボテンは、マイナス40度以下の低温に1時間以上耐えることができます。このサボテンは北米全体に広く分布しており、カナダのブリティッシュコロン

図3.32　オプンティア・フラギリス（*Opuntia fragilis*）
写真：Libor Fousek / shutterstock

ビア州フォートセントジョン（北緯58度：冬の最低気温はマイナス15度を下回り、過去には最低気温マイナス53.9度も記録）にも自生しています。このオプンティア・フラギリスは最も低温に強いサボテンとして知られていますが、このような驚異的な低温耐性を実現している仕組みについては、ほとんどわかっていません。

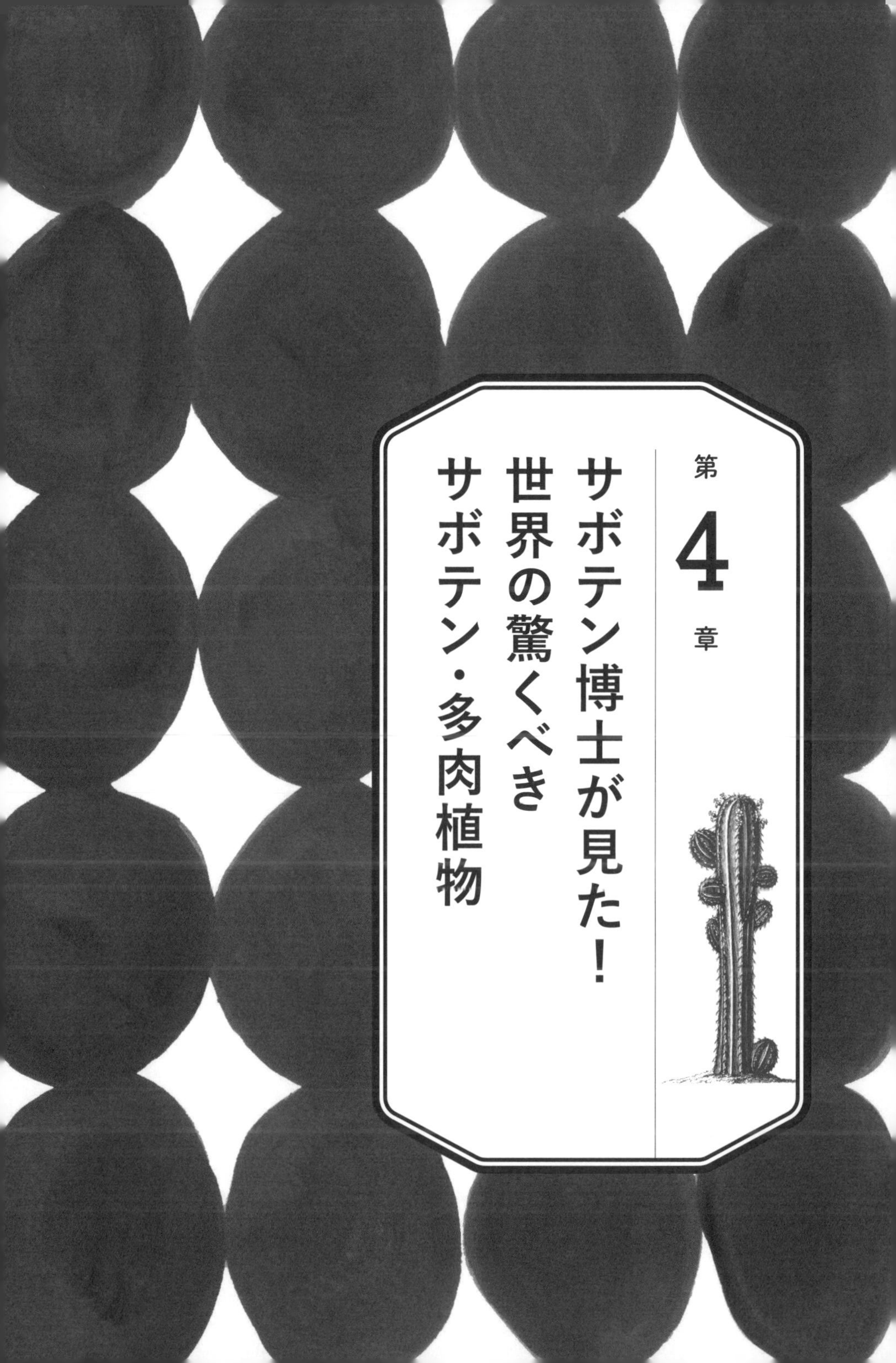

第4章 サボテン博士が見た！世界の驚くべきサボテン・多肉植物

この章では、私がこれまでに訪れたサボテンの自生地や研究機関、現地の様子などを紹介します。目的地までの移動方法や、現地に知り合いをつくった方法などもなるべく詳細に述べるので、「自分も海外でサボテンや多肉植物を見たい、学びたい」という方の参考になれば幸いです。

ソノラ砂漠の「巨人」たち――アメリカ・アリゾナ州

私は2016年4月～2017年3月の1年間、カリフォルニア大学デービス校（University of California、Davis、以下UCD）で客員研究員として働いていました。当時は日本の中部大学に籍を置いていましたが、「若いうちに海外で勉強してきなさい」と大学から特別に許可をもらい、農学分野の研究で著名なUCDのAbhaya Dandekar教授の研究室に研究留学させてもらっていたわけです。UCDの研究室では「クルミのタンニン合成に関わる遺伝子の機能解析」が私に与えられたテーマでしたが、クルミの研究の合間にサボテンの研究や調査をすることも許可されていました。アメリカ南部や隣国のメキシコはサボテンの自生地です。週末や休暇を利用して、たびたび各地にサボテンを見に出かけていました。

2016年12月には、年末の休暇を利用してアリゾナ州のフェニックスやツーソンに2週間ほど滞在しました。アリゾナ州を訪れたのは、サボテンなど乾燥地植物のコレクションで有名な砂漠植物園（Desert botanical garden）、そして巨大なサワロ（カルネギア・ギガンテア（*Carnegia gigantea*）、本章ではサワロという通称を使用）で有名なサワロ国立公園を訪問したかったからです。

住んでいたカリフォルニアからアリゾナ州フェニックスへは飛行機で移動しました。私は飛行機やホテルの予約はエクスペディア（オンライン旅行代理店）をよく使います。基本的にキャンセルできないのがデメリットですが、航空券や滞在するホテルを日本語で検索・購入することができ、購入画面を印刷すればチケットとしても使えます（スマホの画面を見せるだけでもいいようです）。また、航空券を予約する際に、空港からホテルまでの送迎バスや現地の観光ツアーなども予約できます。到着した空港でホテルへ移動するための送迎バスやタクシーを探すこともできますが、海外の空港ではチケットの購入場所がわかりにくいことも多いため、事前に予約しておくとストレスが少ないのでお勧めです。フェニックスの空港から最初の滞在先である市内のホテルへは、事前に予約しておいた送迎バスで移動しました。

翌日は、ツアーガイドを利用して、サワロ国立公園に向かいました。事前にインターネットで調べると、サワロ国立公園を案内するガイドツアーが複数あることがわかりました。その多くは出発地がツーソン（フェニックスから約180km離れた町）でしたが、いくつかのツアー会社に「規定料金の2倍払うから、フェニックスまで迎えに来てくれ」とメールしたら、1社から「OK」と返事がありました。ホテルに迎えに来たガイドと共に、ツーソンの滞在先であるホテル（エクスペディアで事前予約）に行って荷物を降ろし、そのままサワロ国立公園に向かいました。

ガイドは陽気なアメリカ人で、10年以上ツーソンでガイドをしているとのことでした。非常によくしゃべる人で、移動中の車内では、この地域で見られるサボテンのことや、アリゾナ州の歴史なども教えてくれました。

案内してくれたツアーガイド

国立公園が近づくと、車窓から巨大なサワロサボテンの林が見えます。遠くから見ると長い鉛筆のようなサワロが、見渡す限り何千本と林立していました。サワロとは英語の呼び名（Saguaro）に由来する通称で、学名はカルネギア・ギガンテア（*Carnegiea gigantea*）、和名はベンケイチュウという名のサボテンです。サワロは、アリゾナ州南部からメキシコ北西部に広がるソノラ砂漠に分布する柱型のサボテンで、大きいものは高さ12 m以上にもなります。アリゾナ州の州花にも指定されており、この地域のシンボル的な存在になっています。アメリカ先住民はこのサボテンを「荒野の巨人」と呼び、一本一本が人間の生まれ変わりだとする伝説もあるそうです。

車を止めてもらい、近づいてサワロを見上げると、その力強く雄大な姿に心を打たれました。生き物を見て最も感動した瞬間だったと思います。自生地で生き物を見る体験は、やはり人間の管理下にある生き物を見るのとは異なるものがあります。大きさや形態などの外見も多少は異なりますが、大きく違うのは、その場所の匂いや日ざしの強さ、肌がひりつくような乾いた空気などの環境です。さまざまな環境に適応して懸命に生きている姿に、その生き物の本質が映し出されるのではないかと個人的に思っています。

林立するサワロ（サワロ国立公園にて）

サワロを見ていると、幹に穴があいていることに気がつきました。近づくと、穴から1羽の小さな鳥が飛び出しました。これはキツツキが幹に穴をあけてつくった巣です。サワロはソノラ砂漠の生態系において「キーストーン種」としての役割も担っています。キーストーン種とは、その生態系へ大きな影響を与える生物種を指す言葉です。サワロはこの地域の動物たちと非常に密接な関係を築いています。例えば、サワロの茎や花、そして果実は、鳥、爬虫類、哺乳類、昆虫などさまざまな動物に食料を提供しています。また、サワロは動物たちに住居も提供します。サボテンの幹や腕の間には、キツツキやフクロウなどの鳥類が巣をつくります。サワロの根域も土壌が固定され崩れにくくなるので、リスなどの動物が巣穴に利用します。このように、サワロはソノラ砂漠に生きる多くの生物の拠り所となっています。

サボテンや多肉植物の自生地を巡る際は、現地に詳しいガイドを雇うことをお勧めします。ガイドツアーなら移動も楽ですし、彼らはガイドブックに載っていないスポットも知っています。私が訪問した際も、珍しいサワロが生えている場所に何か所も連れていってくれました。

道中で見つけた珍しいサワロ
（左）Vサイン：生育の早い段階で先端の成長点が2つに分かれたと思われます（間に鳥の巣が）。
（中）下を向いた茎：分枝直後に低温に遭遇したことが原因といわれていますが、詳細は不明です。
（右）綴化（てっか）個体：中央の茎頂部が綴化しています。

それ以降、ツーソンに数日滞在し、同じガイドに依頼して、国立公園やツーソン市内にあるアリゾナ・ソノラ砂漠博物館（Arizona Sonora Desert Museum）などを回りました。ある日、明らかに土壌のない岩山にサワロがたくさん生えているのが気になったので、登って確かめてみました。確認すると、実際に土壌はほとんどなく、サワロは岩の隙間などに根を張っているようでした。その生命力にとても感動したことを覚えています。

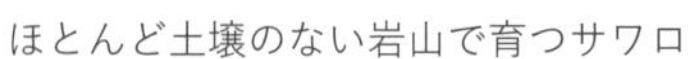
ほとんど土壌のない岩山で育つサワロ

岩山をロッククライミングのようにしばらく登っていると、5cmほどの石が落ちてきて私の頭に当たりました。そのときは「痛っ」と思う程度でしたが、地面に下りて石が当たった部分を触ると、そのあたりの髪の毛がかなりの量抜けてびっくりしました。傷は1〜2cm程度の小さなものでしたが、出血が少し多かったようで、頭から血を流して戻ってきた私を見てガイドがとても驚いていました。

ガイドは病院に行くようにしきりに勧めてくれましたが、調査を続けたかったので、自分で手当てをして済ませました。車での移動中も、ガイドはしきりに「傷は大丈夫か？　痛いか？」と聞いてくれましたが、私は痛みよりも、頭に十円ハゲができたことのほうがショックで（今もその部分に髪は生えていません)、「次からは必ず帽子を持参しよう」と心に決めました。

私は好奇心から後先考えずに動いてしまうことが多々あり、よくフィールドでケガをしたり食中毒にあったりします(植物を近くで見ようとして、小高いところから落下することも多い)。ソノラ砂漠には猛毒のガラガラヘビやサソリもいます。自生地で植物を見る体験は素晴らしいものですが、危険もあるので、皆さんもフィールドに出る際はご注意ください。

バーバンク博物館——アメリカ・カリフォルニア州

第5章で詳しく紹介しますが、ウチワサボテンは食用や家畜飼料として利用することができます。メキシコなど中南米では、紀元前からその茎節や果実が利用されてきました。しかし茎節や果実表面にトゲがあるため、栽培や取り扱いが難しく、ウチワサボテンの商品価値を下げる一因となっています。

アメリカの植物学者であるルーサー・バーバンク(1849~1926年)は、多くの植物の品種改良を行ない、トゲのないウチワサボテン(spineless cactus)を育種したことでも知られています。バーバンクの生家はカリフォルニア州のサンタローザという町にあり、現在は博物館になっています。そこでは、彼の育種したウチワサボテンや当時の栽培施設を見ることができます。バーバンクのウチワサボテンのことは、日本でサボテンの研究を始めた頃から知っていたため、アメリカ滞在中に必ず訪れたいと思っていました。

余談ですが、私はアメリカ研究留学中、一人暮らしではなく、ホームステイをしていました。UCDの同僚に聞いた話では、家賃は一人暮らしよりも3~4割安く、また友人もできるので、ホームステイを選ぶ学生や研究者は多いそうです。ステイ先の一軒家にはホストマザー(当時70歳ぐらい)の他、UCDに通う海外からの研究者や留学生が私の他に3名住んでいました。

さまざまな国から集まった人たちと共同生活するのは楽しいですが、苦労もあります。夜中にトイレに行くと、お酒好きのフランス人女性研究者が中で酔いつぶれていて使えなかったり（月に2回程度の頻度）、部屋で仕事をしていると、ドイツ人研究者から「親睦を深めるために皆でジグソーパズルをしよう！」などと連日のように同調圧力をかけられたりと（結局、毎回付き合いました）、いろいろあります。ホストマザーにバーバンクの生家に行きたいと話をしたら、「ここから車で2時間ぐらいだから、他のルームメイトと一緒に連れていってあげる」と言ってくれました。

サンタローザはスヌーピーの生みの親、チャールズ・シュルツが晩年を過ごした町で、ピーナッツのキャラクターたちの銅像や博物館のある「スヌーピーの町」として有名です。観光地のため、日本国内からも旅行会社のツアーなどがあるようで、比較的訪問しやすいと思います。

というわけで、2016年6月に、バーバンクの生家（Luther Barbank Home & Garden）を訪問しました。現地では、バーバンクが実際に使っていた温室、そして彼が育種したトゲなしウチワサボテンの実物を見ることができました。ウチワサボテンに関しては、樹齢50年以上の個体もあり、非常に大きく、見ごたえがあります。

文献で知ってから、ずっと見たいと思っていたトゲなしウチワサボテンを目の前にし、非常に興奮しました。しかし、ここであることに気がつき

ルーサー・バーバンクの生家（現在は博物館に）

バーバンクが使用していた温室

樹齢50年以上のウチワサボテン（オプンティア・フィクスインディカ）

ました。「……あれ、このウチワサボテン、トゲがある？」標本にはたしかに「spineless cactus（トゲなしサボテン）」と書かれていますが、実際はよく見ると、若い茎節の周辺部に少しだけトゲがありました。てっきり完全にトゲなしになっていると思っていたので、「現地で実物を見ないと気づかな

「バーバンクのトゲなしサボテン」と書かれた樹名板

サボテンの基部は木質化

（右）若い茎節上にはトゲがあった

いことは多い」ということをあらためて実感しました。もちろん野生のウチワサボテンに比べればトゲはずっと少ないので、バーバンクの育種の功績は非常に大きいものです。

私は経歴が少し変わっていて、名古屋大学大学院の修士課程を修了した後、1年程度ですが地方のテレビ局の報道部で働いていました（その後退職し、研究の世界に戻りました）。このときに、「現場を見てまわることの大切さ」を当時の上司や先輩記者から教わりました。現在でも、「現地で実物を見る」という姿勢は、私が研究活動を行なううえでのモットーです。今は、ほとんどの情報は外に出なくてもインターネットで手に入る時代で、「コタツ記事（実際の取材を行なわず、インターネット上の情報のみで書かれた記事）」という言葉もあります。私も論文や資料の写真を見るだけで納得していたら、このサボテンの事実の一部を見落とすところでした。

海外の自生地に行かなくとも、植物園やサボテン農家を訪ねて実際に植物を観察すると、予期せぬ発見や感動があります。ぜひ皆さんも、サボテンに限らず、何かに興味をもった際は、実際に現場に行かれることをお勧めします。

初めてのメキシコ訪問

○事前準備

皆さんは、メキシコ国旗にサボテンが描かれているのをご存じでしょうか？　国旗の中央で、ヘビをくわえたワシがウチワサボテンの上にとまっています。これは、アステカ人が首都を決める際、部族神の神託により「サボテンの上でヘビを食らうワシがいる土地」を探してさまよったという、アステカの建国神話に由来しています。

「サボテンの聖地」といえば、やはりメキシコです。非常に多くの種の自生地であるメキシコは、食用サボテンの生産量・消費量も世界一で、サボテンに関する研究でも、メキシコ国内の大学や企業が世界をリードしています。なので、メキシコでサボテン畑や関連産業、大学での研究の様子などを一度は見てみたいと思っていました。

しかしながら、中部大学に赴任しサボテンの研究を始めたばかりの2015年当時は、メキシコに知り合いがいませんでした。そこでまず、日本国内でメキシコやサボテンに詳しそうな人を探すことにしました。サボテンの生産者や植物園の職員に相談することも考えましたが、インターネットで調べていると「メキシコノパル&トゥナ普及促進委員会」というホームページを見つけました。

そこで試しにこのホームページの「お問い合わせ」のページに、「メキシコでサボテンについて学びたいので、誰かを紹介してほしい」という旨のメッセージを、日本語と英語で書き込みました。すると、この組織の日本事務局で働いていた方から、「現在は、この組織は日本で活動していないが、当時の代表を紹介します」と返信があり、代表者（マルガリータさん）の連絡先を教えてもらいました。さっそくマルガリータさんにメールを送ると、数日後に「メキシコに来たら喜んで案内する。友人のサボテン生産者や研究者にも連絡しておく」という返事と、マルガリータさんの知人のサボテン生産者、大学教員など、複数人の連絡先が送られてきました。次の年にはアメリカに研究留学することが決まっていたため、「来年中にはメキシコに行くので、そのときは現地を案内してほしい」とマルガリータさんに紹介してもらった方々に連絡すると、全員から承諾の返信が来ました。

このようなかたちで運よく現地に知り合いができたので、メキシコ訪問時は非常にスムーズに各地を回ることができました。

○メキシコへ

アメリカ研究留学中の2016年8月に、マルガリータさんの会社があるヌエボ・レオン州モンテレイを訪問しました（航空券と滞在先のホテル、ホテルへの送迎バスはエクスペディアで事前購入）。UCDの同僚から、メキシコに行く際は治安と食中毒に気をつけるようアドバイスされていましたが、現地の味を味わいたくなったので、到着した日にホテル近くの露店でタコスを買って食べました。非常に美味しかったのですが、この日の夜から激しい腹痛に。次の日には「これは死んでしまうんじゃないか」というくらいの腹痛で、部屋から一歩も動けませんでした。海外に行く際は、胃腸薬などを日本から持参するといいと思います。数日後には歩ける程度には回復したので、マルガリータさんに連絡し、彼女の会社を訪問することにしました。このとき、マルガリータさんからは「タクシーを利用する際は、必ずホテルのスタッフに呼んでもらうように」と注意を受けました。海外で移動する際の注意点は後述しますが、やはり流しのタクシーは危ないと思います。

ホテルからタクシーに乗り、マルガリータさんの会社近くに到着しました。タクシー運転手に住所と会社名を見せましたが、正確な位置がわからなかったようで、会社の近くらしき場所で降ろされました。このとき、メキシコでは思っていた以上に英語が通じず苦労しました。「ここに行きたい」と道行く人に住所と会社名を見せつづけて、何とかマルガリータさんの会社にたどり着きました。

会社の受付で面会希望の旨を伝えると、別室に案内され、そこでマルガリータさんに面会しました。マルガリータさんは私の顔を見るなり、「体調が悪そうだけど、どうしたのか？」と心配してくれました（「ここ数日ダイエットをしている」と答えました）。

マルガリータさんはサボテンを使用した加工食品や化粧品を製造・販売する会社を経営しており、過去にはメキシコノパル&トゥナ普及促進委員会の代表として、日本でも食用サボテンの普及活動をしていたそうです。会社で扱っている商品や、メキシコにおけるサボテンの利用法、関連産業の概要、委員会で代表をしていたときの業務などについて、私に丁寧に英語で説明してくれました。マルガリータさんの話では、以前は「サボテンは貧しい者が食べる野菜」という印象がメキシコ国内では強かったようですが、近年は健康にいいという理由から、メキシコの富裕層も進んで消費するようになってきたそうです。このとき、会社で販売している加工食品などを試食させてもらいました。「正直、日本人の口にはあまり合わないかな」というものが多かったのですが、現地の人たちが食べているものを味わう貴重な体験ができました。

マルガリータ氏の会社を訪問

サボテン入りトルティーヤ

水に溶かして飲む粉末

サボテンのグミ（唐辛子入り）

スナック菓子（これは美味しかったです）

その後は、マルガリータさんと一緒に、彼女の会社が商品を卸しているスーパーを見て回りました。訪問したすべてのスーパーで、ウチワサボテンの茎節や果実が販売されていました。こうして売られているのを見て、「サボテンは本当にメキシコでは食材なんだな」と実感しました。ウチワサボテンの主要な産地は、首都であるメキシコシティ近郊で、各地に輸送されてこうして売られているそうです。

マルガリータさんの話では、サボテンは日本のアロエのような立ち位置で、健康にいい食材だと広く認知されているので、非常に多くの加工品に使用されているとのことでした。私が現地で見ただけでも、野菜ジュース、菓子類、化粧品など、いろいろな商品に使われていました。

その後、モンテレイには数日間滞在し、次の町に向かいました。空港まで送ってくれたマルガリータさんに感謝を伝えると、「いつか日本の皆さんにサボテンの魅力を伝えて」と頼まれました。この本で少しでもその約束を果たせればと思います。

メキシコ・モンテレイのスーパーにて

○グアダラハラ大学訪問

モンテレイの次はグアダラハラを訪れました。グアダラハラ市は、150万人以上が暮らす、メキシコ第二の都市です。標高約1500mの場所に位置するため、夏の最高気温も32度ほどと、緯度のわりに冷涼な気候となっています。

グアダラハラを訪れた目的は、マルガリータさんの友人であるリベラト博士に会うこと、そして、現地のサボテン農家を訪問することでした。リベラト博士は、サボテンや多肉植物の組織培養を専門とする、グアダラハラ大学の研究者です。サボテンについて学びたいという私の依頼を快く引き受け、この日も空港まで私を迎えにきてくれました（モンテレイからグアダラハラまでの航空券と滞在先のホテルはエクスペディアで事前に手配）。

空港を出て、そのままリベラト博士の研究室があるグアダラハラ大学を訪問しました。大学では、サボテンを維持管理している温室や、リベラト博士の研究室を案内してもらいました。温室で管理されていたサボテンの種類は非常に多く、「さすが本場メキシコの大学だな」と感心しました。研究室ではリベラト博士の研究活動や、彼の専門である組織培養技術について話を聞きました。

リベラト博士（左）の研究室

グアダラハラ大学の温室

グアダラハラ大学の構内

私も日本でサボテンの組織培養実験を行なっていたのですが、ひとつ課題がありました。それはサボテンを培養する際の、植物体の殺菌方法についてです。培養系の確立は、対象となる植物の無菌増殖・ウィルスフリー化・遺伝子組換えやゲノム編集など、さまざまな研究を行なううえで必要です。植物片を置く培地は栄養満点のゼリーのようなもので、ほんの少しでも植物体に付着している微生物が混入すると、あっという間にカビだらけになってしまいます。そのため通常は、植物体をエタノールや次亜塩素酸ナトリウム溶液に浸け、殺菌処理してから培地上に置きます。しかしサボテンは多肉質のためか、他の植物で行なわれている一般的な殺菌法では、微生物を完全に除去することはできませんでした（茎節内にも微生物が生息し、表面殺菌だけでは不十分なのだと思います）。しかし、殺菌時間を長くすると植物体が死んでしまいます。

こうした点についてリベラト博士に相談すると、彼が研究室で採用している熱処理による殺菌法や培地の成分、参考になる論文などを教えてくれました（日本で試したところ非常に有効でした）。自分だけではどうしても解決できない問題は、その道の専門家に教えを乞うのが有効だと思います。研究室が保持している技術を初対面の私に教えてくれたリベラト博士には感謝しています。

グアダラハラ大学の研究施設を見ていて気がついたことがあります。これは、私が勤務していたアメリカのUCDにも共通することなのですが、「大学内で使用されている実験設備・機器が日本の大学に比べて全般的に古い」ということです。リベラト博士の実験室ではアルコールランプが使われていましたし（日本の大学では、学生でもガスバーナーを使用）、無菌操作に使うクリーンベンチは非常に古く、さらになんとエアコンもありませんでした。UCDで私が勤務していた研究室でも、1980年代に製造されたサーマルサイクラー（PCRに使用する機器）が現役で使用されており、非常に驚きました。研究実績を見ると、UCDは農学系では世界トップ3に入る大学ですし、リベラト博士もサボテンの研究で顕著な成果を多数挙げています。

私は当時30歳で、日本の大学で自分の研究室を立ち上げたばかりでした。研究室には実験に必要な設備や機器も十分に揃っておらず、「これから研究者としてやっていけるだろうか？」と不安を抱えていました。私はそれまで、研究レベルの高い研究室は、潤沢な予算と最新の機器で成果を挙げていると思っていました。しかし研究の現場に行くと、実績のある研究室が必ずしも恵まれた研究環境で仕事をしているわけではありませんでした。リベラト博士も、UCDの研究者も、「古くても使えるものは使い、工夫を大事にする」という姿勢で真摯に研究に向き合っていました。彼らの姿を見て、「自分の仕事が進まないことを環境のせいにしてはいけない」と自戒することができ、非常に励みになりました。

日本に比べ、設備は古いものが多かった
（アルコールランプを使用）

授業の様子を見学

他の先生の研究室

○海外での夜歩きは危険

その日は大学や施設を一日中、見て回り、夕方にはホテルに送ってもらいました。リベラト博士からは「夜は危険だから、絶対にホテルから出てはいけない」と忠告されていましたが、好奇心に勝てず、夜の市内を見て回ることにしました。

街に出てすぐ、不思議なことに気がつきました。それは、昼間はたくさんの人であふれていた市の中心部にも、歩いている人がほとんどいないことです。本当に人がいないので「これは面白いなー」と思って歩いていると、一人の長身の男が近づいてきました。「少しマズいかな」と思いましたが、男が手ぶらだったので、まだ逃げないことにしました。男はカタコトの英語で「これが欲しいか？」と言って、手で何かを吸引する仕草を見せます。おそらく麻薬の売人か何かでしょう。「お金がないからいらない」と断って、足早にその場を立ち去りましたが、男は10mくらい後方をつけてきます。しばらく歩いていましたが、ずっとついてくるので「どうしようかな？」と思ってふと振り返ると、先ほどの男の仲間でしょうか、3人に増えていました。

ホテルから遠くに来ており、周りには人がおらず、助けを求められる人もいません。銃やナイフなどの武器を持っているかもしれない相手と戦うのも無謀です。「これはさすがにマズい」と思ったので、路地を曲がったタイミングで思い切り走って逃げました。後方で男たちが何かわめく声が聞こえましたが、無視して走り続け、無事にホテルまで逃げ切れました。これまでに海外で何度か似たような経験をしていたので、それほど慌てずにすみましたが（夜歩きなどしなければいいだけなのですが）、かなり危なかったと思います。

サボテンや多肉植物の自生地である中南米や南アフリカは、治安がよくない地域がたくさんあります。皆さんも夜間の外出にはご注意ください。

○サボテン生産者を訪問

グアダラハラの周辺には、食用のウチワサボテンを市内に供給する産地（農村）が点在するらしく、リベラト博士とその助手のマリア博士は、そのような農村のひとつでウチワサボテンの栽培試験も実施しているとのことでした。そこで次の日には、リベラト博士の調査に同行しました。

村についてすぐ、住民たちの身なりや家の様子から、彼らが経済的に恵まれていないことに気がつきました。メキシコの民族構成は、約1割がスペイン系白人、約6割がメスチソ（先住民とスペイン系白人の間に生まれた人）、先住民が約3割です。ほとんどの白人は上流階級に所属しますが、先住民は依然として貧しい生活を強いられており、差別を受けることも多いと聞きます。リベラト博士に聞いた話では、自分の祖先に先住民がいることを隠すメスチソもいるそうです。

この村の住民のほとんどは先住民でした。アジア人が訪ねてくることは珍しいらしく、村人たちは私を怪訝そうにじろじろ見ていましたが、リベラト博士が私の訪問の意図を伝えると笑顔で迎えてくれました。

住民たちと話をしていると（マリア博士が通訳をしてくれました）、1人の住民から「顔色が悪いが具合が悪いのか？」と尋ねられました。私が「少し前に食あたりにあった」と答えると、その住民は近くの地面に生えていた草を大量にむしって持ってきました。そして私に「これは薬草だから食べるとよくなるぞ」と言って手渡しました。少し困りましたが（隣でマリア博士も困った顔をしていました）、私がその薬草（？）を口いっぱいにほおばると、その住民はとても嬉しそうに「アミーゴ！　もう大丈夫だ！」と言いました。

私の「海外調査の心得」のひとつに、「出されたものは頂く」というのがあります。高い確率で体調を崩しますが、現地の人たちと仲良くなることができます。自分たちの文化や風習を受け入れてもらえたら、誰でも嬉しいものですから。

収穫したサボテンの出荷作業

グアダラハラ市近くの
農村にて

トゲが処理されたウチワサボテン

住民にウチワサボテンの畑を案内してもらいました。ウチワサボテンは、根を張った茎節から新しい茎節を発生させ、積み上がるように成長します。大きくなりすぎると作業性が落ちるため、基部の茎節から3〜4段目に発生した若い茎節を収穫することが多いそうです。収穫されたサボテンは箱詰めされ、その日のうちにグアダラハラ市内のスーパーに出荷されます。サボテンは成長が遅いものが多いのですが、作物として栽培されているウチワサボテンの成長速度は早く、茎節の年間収量は30〜50トン／haに達します（生産性の高い圃場では200 t/ha以上）。

ウチワサボテンは発生した茎を切り取って土に植えるだけで増やすことができ、一般的な野菜のように毎年種を播いたり苗を植えたりする必要がありません。しかし、定植した親茎節が古くなると生育が悪くなることがあるため、案内してもらった畑では、5年ほどすると古い株を除去し若い茎に更新するそうです。

畑を管理している住民の話では、草取りは行なっているけど、病気さえ出なければ、定植後は育つまで放置しているそうです。栽培管理の手間が少ないことはウチワサボテンを栽培するうえで大きなメリットとなっています。

こうした知識は論文などを読んでいたので、ある程度知っていましたが、やはり現地で実際に栽培の様子を見ると理解が深まります。

ウチワサボテン（オプンティア・フィクスインディカ）の畑

案内してもらった後も、畑でサボテンをずっと観察していました。しかし、数時間前に食べた薬草のせいか、徐々に体調が悪くなってきました。水を持っていなかったので、リベラト博士に何か飲み物を持っていないかと尋ねました。すると、それを先ほど薬草を振舞ってくれた住民が聞いていたようで、「俺がつくった酒だ」といってプルケ（アガベの樹液を発酵させてつくるメキシコの伝統的な醸造酒）を1杯くれました。「……自家製の発酵酒はヤバいかもしれない」。私はアルコールに耐性がなく、ビールも1杯程度しか飲めません。コップの底に何か土のようなものが沈んでいるのも気になりました。しかし、好意をむげにはできないので（リベラト博士がこちらを見て首を振っていましたが）、自身の海外調査の心得に従いすべて飲みました。すると、すぐに激しい腹痛で動けなくなったので、リベラト博士らの調査が終わるまで、サボテン畑の近くで平静を装ってじっとしていました。

リベラト博士らの調査が終わった後も、住民たちから歓迎のプルケを何杯か頂くことになり、それ以降はあまり記憶がありません（どこかで何度か吐いた気がします）。気がついたら、ホテルのベッドで寝ていました。あまりお勧めはできませんが、「飲みニケーション」は現地の方と交流する際も役に立ちます。

その後も数日間、リベラト博士やその友人に、サボテン農家やアボカド農園、バイオベンチャー企業、観光地など、いろいろ案内してもらいました。マルガリータさんもそうでしたが、こうした案内を皆さんすべて無償でしてくれました。突然来た日本人にここまで対応してくれて、感謝しかありません。せめて協力してくれた方々が日本に来た際には、今度は私が彼らを案内したいと思います。

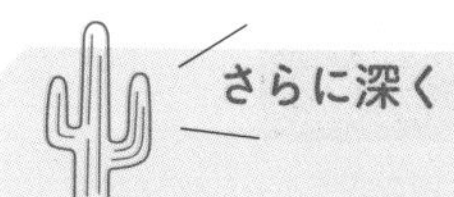

海外調査の心得「日本のサブカルチャーに触れておく」

メキシコ訪問時に困ったことは、想像以上に英語が通用しないことでした。あるとき、マルガリータさんに紹介してもらったサボテン農家のロベルトさんに会いに、メキシコシティに行きました。ロベルトさんはあまり英語が得意でないようで、メールでのやり取りは何とかできていましたが、会話することは困難でした。

このときに私を助けてくれたのは、ロベルトさんの姪で、当時14歳のカルメンさんでした。カルメンさんは日本のアニメや音楽が非常に好きで、「いつか日本に行くため」と英語と日本語を熱心に勉強していたようです。英語を流ちょうに話すことができ、日本語も簡単な受け答えは可能でした。メキシコシティ滞在時はこの14歳の少女に通訳や案内は頼りきりでした。

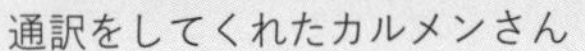

通訳をしてくれたカルメンさん

道端に大きなサボテンが生えている

　メキシコに限らず、アメリカやヨーロッパでも、私が日本人と知って声をかけてくるのは、日本のアニメや音楽が好きな人ばかりでした。外国で日本語を学んでいる人も、「就職に有利になる」などの経済的理由ではなく、「日本のサブカルチャーが好きだから」という理由のほうが多いように感じます。日本好きの外国人にがっかりされるのも申し訳ないですし、話のネタにもなるので、せめてジブリ映画ぐらいは見ておいて損はありません。ちなみに、カルメンさんに好きな日本アニメを聞いたら、「ひぐらしのなく頃に」と答えられて驚きました。経験上、海外の日本サブカルチャー好きの人たちの知識は、日本人に引けをとりません。アニメや漫画、音楽などの日本のサブカルチャーは、外国人にとってはもはや「日本文化」のひとつなのでは、と海外に行くと感じます。

　メキシコへはその後も何度か行きました。メキシコで知り合った人たちとは、現在でも定期的に連絡を取り合っています。

韓国のサボテン研究所訪問

　あるとき、インターネットでサボテンについて調べていると、韓国にはサボテンに特化した研究機関があることを知りました。Google翻訳を利用して韓国語で検索を重ねているうちに（「サボテン、研究」などのキーワードを韓国語に変換）、それらしき研究所のホームページを見つけました（ホームページには、ハングルに並んで英語で「Cactus Research Institute, GARES」と書いてありました)。ホームページはすべて韓国語でしたが、Google Chromeを使ってページを日本語に翻訳すると、ある程度の内容はわかりました。ホームページ内で連絡先を探したところ、電話番号とFAX番号はありましたが、メールアドレスは掲載されていませんでした。

ぜひ訪問したいと思いましたが、いきなり電話するのも丁寧でないと思ったので、まずはFAXを送ることにしました。しかし、私は韓国語の読み書きはほとんどできません。そこで、自宅から近い民間の韓国語教室を調べてそこに行き、私が日本語で書いた文章を韓国語に翻訳してもらいました(韓国語教室の方には「お金を払うので何とかお願いします」と頼むつもりでしたが、事情を話したら無償で協力してくれました)。翻訳してもらった韓国語の文

コヤン市にあるサボテン研究所
(Cactus Research Institute)

研究所職員の方々と

観光・教育用温室(敷地内には研究用温室が20以上)

章と、同様の内容を英語で併記し、研究所にFAXしました（最近はGoogle翻訳などの翻訳アプリケーションの精度も向上したので、日本語の文章を外国語に変換するのはそれらを使えば十分かもしれません）。すると翌日には、研究所の職員から私のメールアドレスに、「歓迎するので旅程が決まったら教えてくれ」と英文でメールが来ました。これで訪問の準備は整いました。

研究所はソウルの隣にあるコヤン市にあり、ソウル市内からは電車とタクシーで合計2時間もかからなかったと思います（正確な時間は覚えていません）。日本から人が訪ねてくるのは珍しいらしく、研究所職員の皆さんは私の訪問を歓迎してくれました。職員の話では、この研究所は主にサボテンの新育種や栽培技術の開発を目的として、1994年に設立されたとのことでした（1994年に「Goyang Cactus Experiment Station」として設立され、2004年に「Cactus Research Institute」という名前に変更）。

温室内

研究所で行なっている研究の詳細はここでは紹介できないのですが、特にサボテンのウィルスフリー化（ウィルス病になった植物からウィルスを取り除くこと）や育種の研究に力を入れており、この研究所で育種されたサボテンや多肉植物はヨーロッパなどへも輸出されているとのことでした。サボテンを栽培する温室内には、非常に多くの植物種が維持・栽培されていました。この地域の冬はマイナス10度近くになることも多いそうで、温室内には暖房設備がありました。生産地の気候によってサボテンや多肉植物の生産方式に違いが見られるので、研究施設の見学は面白いものです。

見学後は韓国料理をごちそうになりました。海外ではいつも現地の方にお世話になりっぱなしです。温室は一般の方も予約すれば見学できるそうなので、興味のある方はソウルに行かれる際に立ち寄ると面白いと思います。

海外での注意点

海外では、国によっては警察が日本のように機能しておらず、基本的に自分しか頼れません。ここでは、個人的に大切だと思う基本的な注意点についてまとめました。

- 訪問地の情報を事前に調べる

  治安が比較的いいとされる国でも、地域（場所）によって治安は大きく異なります。外務省の「海外安全ホームページ」などを参考にしてください（地域別の危険度などが確認できます）。

- 情報が何より大切

  最近は値段が安くなったので、海外でもモバイルWi-Fiを携帯してネットにアクセスできるようにしましょう。国内の空港でレンタルできます（私はいつもグローバルWiFiを使用しています）。また、私は海外に行く際は必ず、訪問する国の『地球の歩き方』を携帯しています。スマホだけだと、急な故障や電池切れの際に何もできなくなります。この本には、観光客が少ない地域でもホテルや交通手段などの情報が載っており、これまで何度も助けられました。

- 可能なら単独行動は避ける

  人数が多いほうが犯罪に巻き込まれるリスクは減ります。しかし、人数が多くても油断しないようにしましょう。

• 夜間の移動は避ける

遅い時間に空港やターミナル駅などに着くと、そこから宿泊施設などへの交通手段が流しのタクシーだけになってしまいます。実際、夜間に駅などに着くと「町まで○○ドルで連れていくよ」という人たちが群がってきます。バスや電車も必ずしも安全ではありませんが、何かあっても周りに人が多い場合は助けを求めることができます。しかし、タクシーだと1対1になってしまうので、相手が悪意をもった人物であった場合は、土地勘もないこちらがかなり不利な状況になります。一度、夜中にそのような車に乗りましたが、明らかに目的地と違う方向に走り出し、何を聞いても運転手が答えなくなったので、速度が落ちたときに車から飛び降り、走って逃げたことがあります（料金は支払わず）。別の町に移動する際は、明るいうちに移動が完了するようにしましょう。

• 露店の食事や水に気をつける

現地で出されたものを食べると、コミュニケーション上はいいのですが、高い確率で体調を崩します。また水道水も避けたほうが無難です。可能であれば、医薬品も日本から持参しましょう。

• 日本の土産は喜ばれる

現地の人に会ったときに、日本のお土産を渡すと喜ばれます。私は海外に行くとき、いつも日本のチョコレート（コンビニで売っているようなもの）を大量に持参しますが、経験上、どの国でも非常に喜ばれます。子供はもちろん、大人にも「お子さんや家族にどうぞ」と言って渡せます。小さく場所を取らないし、腐らないのもいい点です。飲食店などが近くになくて食事がとれない際の非常食としても使えます。けん玉や折り紙など、外国人から見て日本らしいものもいいかもしれません。

日本のサボテンスポット＆おすすめの植物園

個人的におすすめの国内の植物園や、あまり知られていないサボテンスポットを少し紹介します。

○伊豆シャボテン動物公園（静岡県伊東市）

園内にはメキシコ館、南アメリカ館、森林性シャボテン館、アフリカ館など、多数の温室があり、サボテンや多肉植物が自生地ごとに分けられて展示されています。そのため、植物が育つ環境をイメージしやすいと思います。また、栽培されている植物種数が非常に多いので見応えがあります。さらに、園内ではサボテンや多肉植物が販売されています。「サボテンや多肉植物をたくさん見たいけれど、どこに行っていいかわからない」という方は、まずここに行くのがいいでしょう。

○筑波実験植物園 サバンナ温室（茨城県つくば市）

この植物園では、日本に生育する代表的な植物をはじめ、世界の熱帯や乾燥地に生育する植物など、非常に多くの植物（約3000種類）を見ることができます。敷地内のサバンナ温室では、サボテンやアロエ、バオバブ、トウダイグサ科の多肉植物など、多様な植物種が植栽されています。

植栽されている植物種数も素晴らしいのですが、この植物園は学名の記載や展示が秀逸です。ほぼすべての植物にラベル（樹名板）が立てられており、ラベルには和名・学名に加え、伝統的な分類体系の科名とDNAによる分類体系の科名が併記されています。さらに、サボテンの進化や生態を紹介する展示も充実しており、とても勉強になります。

○愛知県春日井市

私が勤務する中部大学のある愛知県春日井市は「サボテンのまち」としても知られ、サボテン・多肉植物の出荷量が全国トップクラスの産地です。2006（平成18）年頃からは、食用サボテンを活用した地域活性化の取り組みが行なわれており、市内にはサボテン料理を食べられる飲食店や土産屋などもあります。春日井に来た際はぜひ一度サボテンを食べてみてください。

愛知県春日井市（JR勝川駅前）

サボテン料理の例（左上から時計回りに、サボテンコロッケ、サボテンサラダ、サボテン餃子、サボテンラーメン）

○ウチワサボテン群生地（茨城県神栖市）

1972（昭和47）年に茨城県の天然記念物に指定されているウチワサボテン群生地です。高さ2m以上、幅30m以上にわたりウチワサボテンが群生しており、その姿は圧巻です。100年以上前からあるそうで、6〜8月頃には黄色い美しい花を咲かせます。近くに鉄道などがないため、車で訪問されるといいと思います。

ウチワサボテン群生地（茨城県神栖市）

○銚子市長崎町のウチワサボテン（千葉県銚子市）

インターネットで銚子市の海岸にウチワサボテンの群落があるとの情報を得たので、海岸沿いをひたすら歩いて探しました。すると長崎町の海岸沿いに複数のウチワサボテン群生地を見つけました（なかには高さ4m以上、幅10m以上にわたり群生している場所も）。海を背景にサボテンが見られる場所は珍しいと思います。

銚子市長崎町のウチワサボテン（千葉県銚子市）

○龍華寺の大サボテン（静岡県静岡市）

龍華寺という寺の境内にある巨大なウチワサボテン群です。300年以上前からこの場所にあるといわれており、市の天然記念物に指定されています。

龍華寺の大サボテン（静岡県静岡市）

○全国のサボテン農家

日本国内にはたくさんのサボテン・多肉植物の生産者がいます。規模の大きなところでは販売されている植物の数も非常に多く、購入した植物の育て方のポイントなども聞くことができます。小売りをやっていないところもあるので、事前に電話やメールで確認するといいと思います。

第5章

サボテンが地球を救う？
サボテンと人

世界が注目するサボテン

1994年にシチリアのジャーナリストが、ウチワサボテンを「A treasure that lies beneath the spines（トゲの下に眠る財宝）」と表現しました。どうしてサボテンが「財宝」とまでいえるのでしょうか？ それはサボテンが、ずっと昔からたくさんの人の暮らしを支えており、さらには未来の地球を救う可能性を秘めているからです。

近年、地球温暖化など気候変動への対応が世界的な課題となっています。気候変動に関する政府間パネル（IPCC）の第5次評価報告書では、今世紀末に世界の平均気温が最大2.6～4.8度上昇するほか、異常気象の発生頻度が高まる可能性が非常に高いと予測されています。世界の乾燥地は陸地の約40％を占め、そこには約20億人が暮らしていますが、地球温暖化により乾燥地の面積もさらに拡大すると予想されます。

さらに、国連の推計によると、世界人口は、2050年には現在の1.3倍の96億人に達すると見通され、全人口を養うためには食料生産全体を1.6倍に引き上げる必要があると予測されています。

このように、気候変動による豪雨や渇水などの異常気象の頻発による食料供給の不安定化に加え、世界的な人口増加や新興国における経済成長による食料需給のひっ迫への対応は不可避の課題となっています。このようななかで、サボテンが世界的に注目されています。

なぜサボテンなのでしょうか？ 日本ではあまり知られていませんが、サボテンは世界の広い地域で、食品や加工品原料、家畜飼料などに利用できる作物として栽培されています。そして、近年サボテンの注目度が高まっている理由は、他の作物と比較しても、サボテンは気候変動に対応した持続可能な食料生産体制の構築に求められる性質を数多く備えているからです。具体的には、強靭な環境耐性、高い生産性、健康機能、栽培の容易さ、用途の広さ、歩留まりの高さ（植物体のほぼすべての部位が利用できること）などが挙げられます。

サボテンは発達した貯水組織を含む茎節、厚いクチクラ層、CAM型光合成などの特徴をもっているため、乾燥や高温など過酷な環境下でも高い生産性を実現できます。例えば、ウチワサボテンの水利用効率は他の作物と比べて非常に高く、年間降水量が200mm程度の地域でも栽培が可能です。さらに、最高気温55度以上の環境下でも生育することができ、数か月程度であれば断水しても枯れません。他の一般的な野菜であれば、断水すれば1か月と経たないうちに枯れてしまうものがほとんどです。こうした乾燥や高温への耐性は、ほとんどの植物には到底まねできない、サボテンが進化の過程で獲得した驚異的な能力です。

気候変動に対応し、世界の食料生産を安定的なものにしていくためには、すでに栽培されている作物の育種などによる改良も重要ですが、サボテンのような新しい作物を栽培可能な作物の選択肢に加えていくことも同様に重要です。

1993年には、国連食糧農業機関（FAO）と国際乾燥地農業研究センター（ICARDA）により、ウチワサボテンの世界的な利活用推進を目的とした国際ネットワークであるCactusNetが設立されました。その後はFAOをはじめとした国際組織の支援のもと、北アフリカを含む世界各地でウチワサボテンの導入が進められています。2017年にはFAOが「ウチワサボテンは世界の食料危機を救う作物になりうる」との見解を発表しました（図5.1）。今後も作物としてのサボテンの重要性はますます高まっていくと思われます。

図5.1　2018年に国連食糧農業機関（FAO）と国際乾燥地農業研究センター（ICARDA）により出版された報告書
作物として利用されるサボテンの生態・利用・栽培などについて解説されている。

サボテンはどのように世界に広まった？

サボテンが自生地の南北アメリカから出て、ヨーロッパに持ち込まれたのは、少なくとも1552年以前であったと考えられています。1552年にスペインで書かれた文書のなかで、ウチワサボテンを示す「nopal」という言葉が使われており、当時のスペインではサボテンの存在はすでに認知されていたようです。ちなみに、このサボテンはオプンティア・フィクスインディカ（*Opuntia ficus-indica*）、またはオプンティア・アミクラエア（*Opuntia amyclaea*）であったと考えられています。

サボテンは、当時のヨーロッパでは珍しい植物としてたいへん人気があったようで、その後も貴族の邸宅や植物園などを中心に普及していきます。1560年頃にはイタリアに、1583年にはドイツとオランダに、1596年にはイギリスに存在したと報告されています。また、ウチワサボテンなど一部のサボテンは、果実を食用にしたり染料（コチニール色素）を得るために利用したりするようになりました。温暖な地中海地域ではウチワサボテンはすぐに定着し、景観の一部になっていたようです。1610年頃には、ムーア人がスペインから北アフリカに戻る際に、ウチワサボテンの果実を壊血病（ビタミンCの欠乏で発症する）対策として持ち帰り、アフリカでもサボテンが広まっていきました。18世紀には、サボテンは中国（1700年頃）、南アフリカ（1772年頃）、オーストラリア（1787年頃）にも到達していたようです。

では、日本にはサボテンはいつ来たのでしょうか？ 諸説ありますが、サボテンは遅くとも1690年頃には日本に渡来していたと考えられています。ちなみに、日本に初めて来たサボテンもオプンティア・フィクスインディカ、またはオプンティア・アミクラエアであったと考えられています。長期間にわたりサボテンは貴重品であり、一部の趣味家が保持するのみでしたが、1900年頃にはサボテンの生産と販売を行なう園芸店が出現しました。その後、全国で生産農家や通信販売業者が現れ、1930年頃には観賞用植物としてサボテンが大流行します。1950〜1960年頃にはドイツやオランダ、アメリカなどに輸出されていました。

現在でも、サボテンは多肉植物とともに観賞植物としての地位は確固たるものです。国内各県のサボテン・多肉植物の出荷量の統計調査は現在行なわれていませんが、最後に調査が行なわれた2006年の時点では愛知県が1位であり、岐阜県、埼玉県が続いています。この調査結果によると、興味深いことに、気候が温暖な九州・沖縄地方の出荷量は多くありません。歴史的な背景や交通の便も関係していると思われますが、気温がある程度低くなる地域のほうが、茎やトゲの発色がきれいになるからという話も聞きます。

どんな種類のサボテンが作物として利用されている？

サボテンの利用の歴史は古く、少なくとも8000年前には栽培されていたと考えられています。約20属300種を含むウチワサボテン亜科のなかで、作物として特に広く利用されている種はオプンティア・フィクスインディカ（*Opuntia ficus-indica*、図5.2）とノパレア・コケニリフェラ（*Nopalea cochenillifera*、図5.3）です。食用に使用されるウチワサボテンは、その他の種と比べて生育速度が早く、トゲが少ないなど、生食や加工に都合のいい性質をもちます。ウチワサボテンはサボテンのなかでも特に成長が早く、世界で広く栽培されている種（オプンティア・フィクスインディカ）の平均的な収量は30～

図5.2　オプンティア・フィクス インディカ（*Opuntia ficus-indica*）

図5.3　ノパレア・コケニリフェラ（*Nopalea cochenillifera*）

80トン／haであり、潅水設備などを備えた収量の多い圃場では200トン／ha以上に達します（若い茎節などは、1日に1cm程度伸長します）。

特にオプンティア・フィクスインディカは品種改良が進んでおり、「Milpa Alta」「Atlixco」「COPENA V1」など多くの栽培品種が存在します（例えば、イチゴには「あまおう」や「とちおとめ」などたくさんの品種があります）。栽培品種によって、茎節の色や柔らかさ、トゲの数と長さ、耐寒性、耐病性、生育速度、茎節の大きさ、果皮や果肉の色、果実重、種子数などが異なっており、栽培環境や販売目的に合わせて品種が選べます。

オプンティア・フィクスインディカ以外にも、茎節生産や果実生産に利用されるものとして、オプンティア属のオプンティア・アミクラエア（*Opuntia amyclaea*）、オプンティア・ロブスタ（*Opuntia robusta*）、オプンティア・ストレプタカンタ（*Opuntia streptacantha*）、オプンティア・レウコトリカ（*Opuntia leucotricha*）、オプンティア・リンドハイメリ（*Opuntia lindhemeiri*）、オプンティア・ヒプチアカンサ（*Opuntia hyptiacanth*）、オプンティア・チャベナ（*Opuntia chavena*）、オプンティア・メガカンサ（*Opuntia megacantha*）、オプンティア・ファエアカンサ（*Opuntia phaeacantha*）など、さまざまな種があります。

生産量が最も多いのはメキシコですが、地中海地域（エジプト・イタリア・ギリシャ・トルコなど）、南北アメリカ（アメリカ・アルゼンチン・ブラジル・チリ・コロンビア・ペルーなど）、中東（イスラエル・ヨルダンなど）、アフリカ（アルジェリア、ケニア、モロッコ、チュニジアなど）、アジア（日本、韓国など）など、世界30か国以上で栽培されています。

サボテンって食べられるの？

日本では、サボテンは観賞植物として知られていますが、中南米地域などサボテンの自生地では、古くから食料としても利用されてきました（図5.4）。果実を食用にするものが多いのですが、フェロカクタス・ヒストリクス（*Ferocactus histrix*）やフェロカクタス・ハエマタカンサス（*Ferocactus*

食用に利用された報告のある種

北アメリカ
カルネギア・ギガンテア（*Carnegia gigantea*）
キリンドロオプンティア・フルギダ（*Cylindropuntia fulgida*）
エキノケレウス・フェンデリー（*Echinocereus fendleri*）
エキノケレウス・エンゲルマニー（*Echinocereus engelmannii*）
フェロカクタス・ウィスリゼニ（*Ferocactus wislizeni*）
フェロカクタス・ヒストリクス（*Ferocactus histrix*）
フェロカクタス・ハエマタカンサス（*Ferocactus haematacanthus*）
ヒロケレウス・ウンダツス（*Hylocereus undatus*）
ヒロケレウス・トリアングラリス（*Hylocereus triangularis*）
ミルチロカクタス・ゲオメトリザンス（*Myrtillocactus geometrizans*）
オプンティア属（*Opuntia*）
パキケレウス・プリングレイ（*Pachycereus pringlei*）
パキケレウス・スコッティ（*Pachycereus schottii*）
ペニオケレウス・グレッギー（*Peniocereus greggii*）
ステノケレウス・フリシー（*Stenocereus fricii*）
ステノケレウス・グリセウス（*Stenocereus griseus*）
ステノケレウス・ケレタロエンシス（*Stenocereus queretaroensis*）
ステノケレウス・ステラツス（*Stenocereus stellatus*）
ステノケレウス・プルイノサス（*Stenocereus pruinosus*）
ステノケレウス・サーベリ（*Stenocereus thurberi*）
ステノケレウス・ガムモサス（*Stenocereus gummosus*）など
南アメリカ
ケレウス・ペルビアナス（*Cereus peruvianus*）
コリオカクタス・プルキエンシス（*Corryocactus pulquiensis*）
エピフィルム・アングリガー（*Epiphyllum anguliger*）
ネオウェルデルマニア・ボルウェルキー（*Neowerdermannia vorwerkii*）
ペレスキア・アクレアタ（*Pereskia aculeate*）
ペレスキア・グアマコ（*Pereskia guamacho*）
ステトソニア・コリネ（*Stetsonia coryne*）
セレニケレウス・セタセウス（*Selenicereus setaceus*）など

図5.4　食用に利用された報告のある種

haematacanthus）は花や蕾が、フェロカクタス属（*Ferocactus*）の一部やネオウェルデルマニア・ボルウェルキー（*Neowerdermannia vorwerkii*）は茎が、そしてペニオケレウス・グレッギー（*Peniocereus greggii*）は肥大した根が食用に利用されました。現在でもヒロケレウス属の一部やオプンティア・フィクスインディカなどのウチワサボテンは、作物として世界の広い地域で栽培されています。

私は仕事柄「サボテンはどんな味がしますか？」とよく聞かれます。ウチワサボテンはぬめりのある食感と酸味が特徴で、一言で表現すると「ネバネバして酸っぱい」のがサボテンの味です。他の食品と比較すると、オクラやメカブに近い味だと思います。

サボテンのネバネバは、第3章で紹介した、細胞に含まれる粘液によるものです。粘液は主に多糖類から構成されており、水を引きつける性質をもつため、ネバネバした食感になります。また、酸味があるのは、収穫期の茎節がCAM型光合成を行なっており、細胞内にリンゴ酸が蓄積しているためです。リンゴ酸は酸味が強いため、これがサボテンの「酸っぱさ」をもたらすわけです。サボテンに含まれる粘液やリンゴ酸は、サボテンが進化の過程で乾燥に耐えるために獲得した独自の形質で、これらがサボテンの味の決め手になっているのは面白いと思います。

サボテン料理というと、日本ではサボテンステーキが有名ですが、メキシコでは肉料理の付け合わせやサラダとして提供されることが多いようです（図5.5）。特にサボテンのネバネバが嚥下（えんげ）補助作用（食品を飲み込みやすくする）をもたらすため、パサついて飲み込みにくい鶏肉や赤身肉などの肉との相性がいいようです。

図5.5　メキシコではサラダや肉料理の付け合わせとするのが一般的
メキシコ・グアダラハラのレストランにて。

サボテンの味を知るには、やはり一度食べてもらうのが確実です。

食用のウチワサボテンは日本でもインターネットなどで入手でき、調理法もクックパッドなどにたくさん登録されているので、興味のある方はぜひ食べてみてください。また、日本でも一部のメキシコ料理店などでサボテン料理が提供されています。個人的には、肉と一緒に食べたり、細く切って醤油で味付けしてサラダにするのがお勧めです。

ウチワサボテンの栄養と機能性

ウチワサボテン（オプンティア属）の茎節の88〜95％程度は水分ですが、タンパク質や食物繊維など多くの成分量は発生後の年数により変化します。

図5.6にウチワサボテンの茎節の栄養組成についてまとめました。茎節の栄養組成における特徴のひとつは、食物繊維の含量が多いことです。主要なミネラルはリンとカルシウムであり、これにマグネシウム、ナトリウム、

アロエと比較したサボテンの栄養価（可食部100gあたり）

	サボテン	アロエ
エネルギー（kcal）	13	3
水分（g）	94.8	99
タンパク質（g）	0.7	0
脂質（g）	0.1	0.1
炭水化物（g）	1.2	0.7
ナトリウム（mg）	0	8
カルシウム（mg）	190	56
マグネシウム（mg）	63	4
水溶性食物繊維（g）	0.2	0.1
不溶性食物繊維（g）	1.9	0.3

図5.6　ウチワサボテンの茎節の栄養組成

愛知県産業技術研究所による分析結果、文科省食品成分データベース野菜類／アロエ／葉、生（https://fooddb.mext.go.jp/result/result_top.pl?USER_ID=14258）をもとに作成。

鉄などが続きます。カルシウムの含量が非常に多いのは多肉化した組織において水分の保持に役立っているためだと報告されています。また、CAM型光合成によって蓄積したリンゴ酸などの有機酸の含量が多いことも特徴です。CAM型光合成では、夜間にリンゴ酸がつくられ、昼間には消費されるため、時間帯によって有機酸含量が異なり、味も変化します（図5.7）。栄養面の比較から、ウチワサボテンは世界で広く消費されているレタスよりも、食品としての価値が高いという報告もあります。

茎節の有機酸含量（新鮮重100gあたり）

	午前6時	午後6時
シュウ酸	35mg	36mg
リンゴ酸	985mg	95mg
クエン酸	178mg	31mg
マロン酸	36mg	微量

図5.7　ウチワサボテンの茎節の有機酸含量

Stintzing FC, Carle R (2005) Cactus stems（Opuntia spp.）: a review on their chemistry, technology, and uses. Mol. Nutr. Food Res. 49, 175-94. をもとに作成。

　サボテンの食品としての機能性について紹介しましょう。サボテンは紀元前から中南米の先住民によって、火傷、痛みの緩和、胃疾患、皮膚疾患、肝障害、アルコール依存症などの治療を目的とした伝統医療において使用されてきました。近年の研究でも、ウチワサボテンの茎節や果実は血糖値の上昇抑制作用、コレステロール低下作用、抗炎症作用、抗ウィルス作用、二日酔いの軽減など、さまざまな生理作用をもつことが、ヒト、マウス、培養細胞などを使った研究で明らかにされています（図5.8）。

　特に血糖値の上昇抑制やコレステロール低下作用に関しては、ヒトを対象とした実験も多く、これらの作用は主にペクチンや粘液などの食物繊維により消化管での食物の粘性が上昇し、グルコースや脂質の吸収が緩やかになることで引き起こされると考えられています。

図5.8　ウチワサボテンについて報告のある生理作用
Crop ecology, cultivation and uses of cactus pear, FAO, 2018をもとに作成。

あなたも食べたことがあるかも？　サボテンの果実

皆さんはドラゴンフルーツを食べたことがありますか？　じつは、ドラゴンフルーツはサボテンの果実です。サボテンのなかには大きな果実をつけるものがあり、そのようなサボテンが自生する地域の住民によって、紀元前から消費されてきました。現在でも、いくつかのサボテンは果実生産を目的に大規模栽培が行なわれています。ここでは、世界の広い地域で栽培されているものを3つ紹介します。

①オプンティア属（*Opuntia*）

サボテンの果実の生産量に関する統計データが少ないため詳細は不明ですが、おそらく世界で最も生産量が多いのは、ウチワサボテン（オプンティア属）の果実です。果実はトゥナ（tuna）、カクタスペア（cactus pear）などと呼ばれ、少なくとも18か国以上（面積は10万ha以上）で生産されています。最も生産量の多い国はメキシコで、イタリア、チリ、アルゼンチン、南アフリカ、イスラエルなどでも大規模な商業生産が行なわれています。

栽培される種はオプンティア・フィクスインディカ（*Opuntia ficus-indica*）が最も多く、品種によって果実の色も緑・黄・紫・赤などさまざまです（図5.9）。果実の重さは100〜200g程度で、果肉部には非常にたくさんの種子（100〜400個／果実）が含まれています。完熟した果実の可溶性糖含量（Brix値）は12〜17に達し、イチゴ（6〜8）やリンゴ（13〜16）と比較しても遜色ない値です。私の感想としては、味はカキやパパイヤに似ていると思います。

図5.9　オプンティア・フィクスインディカ（*Opuntia ficus-indica*）の果実

難点は、果肉に含まれる種子が硬くて大きい（直径5mm程度）ことです。メキシコの消費者は種子をかみ砕くか、そのまま飲み込むそうですが、慣れるまでは難しいと思います。

私の知る限りでは現在、国内で大規模な生産は行なわれていません。以前に宮崎県にあったサボテンハーブ園（2005年閉園）では、園内でウチワサボテンの果実が生産され、ジュースなどの加工品が提供されていたそうです。

②ヒロケレウス属（*Hylocereus*）

トゥナと並んで生産量が多いのは、日本でも有名なドラゴンフルーツです。海外ではピタヤ（pitaya）と呼ばれることが多く、その他にもpitahaya、 night-blooming cereus、strawberry pear、belle of the night、cinderella plantなど、さまざまな呼び名があります。

ドラゴンフルーツは、ヒロケレウス属（図5.10）の着生サボテンの果実（図5.11）の総称で、日本国内では果皮や果肉の色によりレッドピタヤ（ヒロケレウス・ポリリザス（*Hylocereus polyrhizus*）、ヒロケレウス・コスタリケンシス（*Hylocereus costaricensis*）、ヒロケレウス・グアテマレンシス（*Hylocereus guatemalensis*）など。果皮も果肉も赤色）、ホワイトピタヤ（ヒロケレウス・ウンダツス（*Hylocereus undatus*）、果皮が赤色で果肉が白色）、イエローピタヤ（セレニケレウス・メガランサス（*Selenicereus megalanthus*）、果皮が黄色で果肉が白色）などに分けられています。

図5.10　ヒロケレウス・ウンダツス（*Hylocereus undatus*）

ドラゴンフルーツの原産地は中南米地域の熱帯雨林ですが、現在は東南アジア（インドネシア、フィリピン、ベトナム、マレーシア、タイ、バングラデシュ、台湾、中国南部、日本南部など）、南アメリカ（アメリカ・フロリダ州、コロンビア、メキシコ、バハマ、ニカラグア）、オーストラリア北部、イスラエルなど、20を超える国々で商業栽培されています。ドラゴンフルーツはサボテン科の植物ですが、原産地が熱帯雨林ということもあり、温暖で降水量が多い地域で栽培されています。日本では沖縄が最大の産地で、国内生産量の約85%を占めていますが、鹿児島県など他の

図5.11　ヒロケレウス・ウンダツス（*Hylocereus undatus*）の果実
写真：alexford / shutterstock

地域でも栽培されています。

皆さんのなかには「ドラゴンフルーツは甘くないし美味しくない」と思われている方も多いと思います。しかし、これはおそらく、日本国内で流通しているドラゴンフルーツの多くは、日持ちをよくするために十分に熟していない状態で収穫されたものだからです。バナナなどの果実も完熟していない状態で収穫されますが、収穫後に追熟して甘くさせます。しかし、ドラゴンフルーツは収穫後に糖度があまり増えません。種にもよりますが、樹上で完熟したものは可溶性糖含量（Brix値）が15〜20近くになります。残念ながら、樹上で完熟したものは日持ちしないため、国内ではあまり流通していません。沖縄県などのドラゴンフルーツ産地の生産者やスーパーを訪ねれば購入できると思われます。

③ケレウス・ペルビアナス（*Cereus peruvianus*）

前の2つと比べると利用している地域は限られますが、イスラエルではケレウス・ペルビアナス（図5.12）の果実が「Koubo」という名称で販売されています。ケレウス・ペルビアナスは、日本国内でも「鬼面角（きめんかく）」という和名で、庭木や観賞植物として利用されています。日本で栽培されているものが果実をつけることはありますが、この果実は割れやすい性質をもっています。イスラエルではこのサボテンの交配・育種が行なわれ、味がよく裂果しにくい品種が開発されています。開発された品種「Koubo」は赤色で滑らかな果皮をもち、果肉は白く、独特の香りを有します。2020年の報告では、イスラエル国内の圃場における生

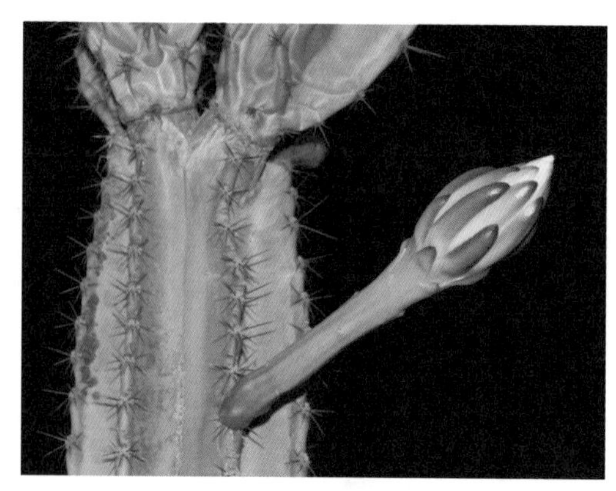

図5.12　ケレウス・ペルビアナス（*Cereus peruvianus*）
写真：イメージマート

産量は約20トン／haで、年間約140トンが流通しているそうです。

栽培上のメリットは、少ない水で栽培が可能なことです。イスラエルのネゲブ砂漠で行なわれた調査では、栽培に使用された水の量（潅水量）が、カンキツ類の約10％と非常に少なく、さらにウチワサボテン（オプンティア・フィクスインディカ）よりも少なかったと報告されています。今後はウチワサボテンのように、栽培地域が世界中に広まっていくかもしれません。

さらに深く

ヨーロッパ最大のサボテン果実産地

イタリア・シチリア島

2019年8月にイタリアのシチリア島（パレルモ市など）を訪問しました（図5.13）。この島はヨーロッパ最大のサボテン果実産地として知られており、オプンティア・フィクスインディカ（*Opuntia ficus-indica*）の果実（トゥナ）が年間約7万トン生産されています。

図5.13　遺伝子資源として維持・管理されているサボテン（パレルモ大学の圃場にて）

シチリアを訪問して驚いたのは、いたるところでサボテンが見られたことです。パレルモ市内では街路樹としてサボテンが植えられており（図5.14）、サボテンをモチーフにした土産物も多数売られていました。また、バスで島内を移動すると、車窓からオプンティア・フィクスインディカの畑（図5.15）や、

図5.14　街路樹のサボテン（パレルモ市内）

野生化したサボテンがあちこちで見られました。

ちなみにシチリア島は映画『ゴッドファーザー』や『ニュー・シネマ・パラダイス』の舞台になっており、作品中のいくつかのシーンで背景にウチワサボテンが映り込んでいます。

図5.15　車窓から見えるサボテン畑

サボテンは動物のエサにもなる？

サボテンの茎や果実は野生動物たちの食料になっていて、オプンティア・フィクスインディカ（*Opuntia ficus-indica*）やノパレア・コケニリフェラ（*Nopalea cochenillifera*）などのウチワサボテンは、ウシやヒツジなどの家畜飼料としても利用されています（図5.16）。

しかし、ウチワサボテンのタンパク質量やカロリーはトウモロコシなどの飼料に比べると低いため、他の飼料と混ぜて家畜に与えるのが一般的です。粘液による嚥下補助作用のためか、ウチワサボテンを高カロリー性の飼料に混ぜて与えると家畜の飼料摂取量が増え、成長が促進されるという研究報告も発表されています。

また、ウチワサボテンを飼料として利用する利点のひとつとして、家畜が飲む水の量が減ることが挙げられます。例えば、2006年に

図5.16　ウチワサボテンは家畜飼料としても使用されている（メキシコ・グアダラハラにて）

行われた研究では、ヒツジの食事の約43%をウチワサボテン（オプンティア・フィクスインディカ）にすると、飲む水の量が約60%減少することが報告されています。2007年には、食事に占めるウチワサボテンの割合が55%を超えると、ヒツジがまったく水を飲まなくなることも報告されています。ちなみに、ウシやヤギなど他の家畜でも同様の作用が報告されていて、ウチワサボテンが茎節内に多くの水分を含むためだと思われます。降水量の少ない乾燥地では、水は貴重な資源です。ウチワサボテンは栽培に必要な水が少なく、さらに、家畜の飲み水を減らす作用をもつので、水の有効利用の観点からは非常に優秀です。

ちなみに、ウチワサボテンは、日本では家畜飼料としてはほとんど使われていませんが、ペットショップで爬虫類のエサとして人気があるようです（ガラパゴス島のゾウガメやイグアナなどは、島に自生しているサボテンを食べます）。

サボテンを原材料にした加工品

サボテンの加工食品には水煮やピクルスなどがあるほか、サボテンの茎節や果実を乾燥粉末にして他の食材に混ぜた商品（クッキー、トルティーヤ、菓子類、飲料）も多く見られます。その他に、サプリメントや化粧品などの原料にも使用されています（図5.17）。また、サボテンから抽出された粘液が接着剤や増粘剤として利用されることもあります。

最近は、ウチワサボテンの種子油がヘルスケア業界や化粧品業界の関心を集めており、アンチエイジングやしわ予防の化粧品として非常に高い値段で販売されています。オプンティア・フィクスインディカ（*Opuntia ficus-indica*）の果肉部には非常に多くの種が含まれており、その重量は果肉部の10〜15%に達します。しかし、種子に含まれる油の量は種子重量の7〜15%と比較的少なく、これが高価格となる一因のようです。ちなみに、油を構成する脂肪酸はリノレン酸とオレイン酸などの不飽和脂肪酸が、全脂肪酸

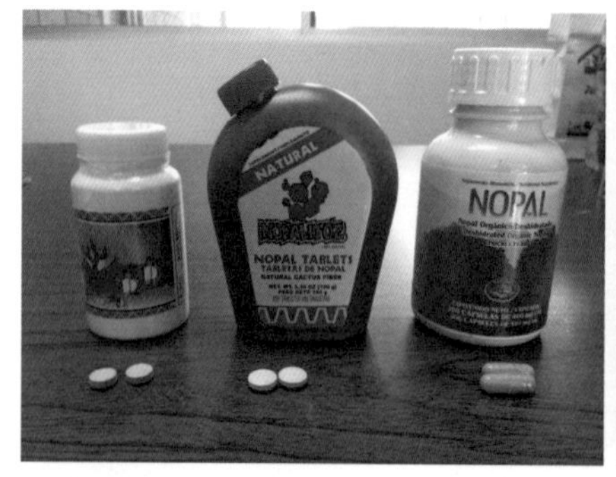

サプリメント

サボテン入り化粧品

ウチワサボテンの茎（左）と果実（右）を使用したスムージー

ウチワサボテン果実を使用したアイス

図5.17　サボテンを原材料にした製品

の約80%を占めています。

生産量に関する統計データはほとんどありませんが、モロッコやナイジェリアなど、北アフリカでの生産が多いようです。2021年に国内で化粧品製造を行なう企業の方に聞いた話では、高級オイルとして知られるアルガンオイルなどと比べても、サボテン種子油の値段は高く、価格は「上の上」とのことでした。

ウチワサボテンとコチニール色素

図5.18は私がグアダラハラ大学の温室で撮影したものです。ウチワサボテ

ンが洗濯物のように吊るされていますが、茎節の表面に白い綿のようなものが付着しています。皆さんは、これ何だと思いますか？

図5.18　メキシコ・グアダラハラ大学の温室にて

じつはこれ、昆虫の繭です（図5.19）。ウチワサボテンの利用法のひとつとして代表的なものが、染料の生産です。実際は、ウチワサボテンに寄生するコチニール（*Dactylopius* spp）という昆虫の体液から染料を精製します。

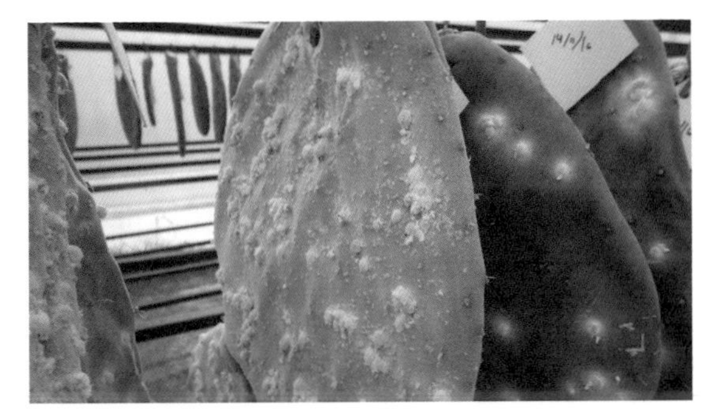
図5.19　表面の白い物体はコチニールの繭

コチニールはウチワサボテンの茎節上に白い繭をつくり、その中で茎節の汁を吸って生活します。この昆虫は体液にカルミン酸を含んでおり、これが深い赤色を呈するため、2000年以上前から染料として利用されてきました（図5.20）。カルミン酸は、コチニールがアリなどの捕食者から身を守るための防御物質だと考えられています。

図5.20　繭の中にいる昆虫をつぶすと赤い体液が出てくる

16世紀前半にスペイン人によって、このコチニール染料がアメリカ大陸からヨーロッパに輸出され始めました。当時ヨーロッパにはこの染料を価格と品質で上回るものがなかったため、スペインは染料の輸出で莫大な利益を上げたそうです。18世紀後半にはイギリスが、オーストラリアでコチニール染料生産を試みたものの失敗に終わっています。結局、19世紀に石炭を原料とする安価なアニリン染料が開発されるまで、コチニール染料は赤色色素の中心でした。

生産量は減少しましたが、現在でもペルー、メキシコ、カナリア諸島などで生産は続けられており、日本を含めた世界各国で食品や化粧品などの加工品に利用されています。近年のオーガニックブームもあり、化学染料を敬遠する消費者からの需要が増えているそうです。

薬になるサボテンがある？―― 幻覚をもたらすサボテン

ロフォフォラ・ウィリアムシー（*Lophophora williamsii*）は、メキシコの高地やアメリカ南西部の乾燥地帯に自生する、トゲのない小さなサボテンです（図5.21）。日本では「ペヨーテ」や「烏羽玉（うばだま）」の名称で販売されており、その風変わりな外見と、キレイなピンク色の花を咲かせることから、観賞用として非常に人気があります。

このロフォフォラ・ウィリアムシーは、体の中にメスカリンという物質を多く含み、それが人に幻覚作用をもたらすことから、「幻覚サボテン」としても知られています。

北アメリカの先住民族（ネイティブアメリカン）は何世紀にもわたり、このサボテンがもたらす幻覚作用を伝統的な宗教儀式やさまざまな病気の治療に使用

図5.21　ロフォフォラ・ウィリアムシー（*Lophophora williamsii*）

しています。自生している個体の上部を切り取って乾燥させたもの（通称「ペヨーテ・ボタン」）をそのまま噛んだり、あるいは煎じて飲むことによって幻覚作用を得ることが多いようです。また、このサボテンを歯の痛み、発熱、皮膚病、リウマチ、アルコール依存症、糖尿病、風邪などの症状を改善する治療薬としても利用してきたそうです。

最近の研究によると、メスカリンがもたらす幻覚作用の一部は、メスカリンが脳内でセロトニン受容体と結合することで引き起こされると考えられています（セロトニンは脳内の神経伝達物質のひとつで、ドーパミンやノルアドレナリンを制御し、精神を安定させる働きをする）。

含量はロフォフォラ・ウィリアムシーほどではありませんが、ロフォフォラ・デュフューザ（*Lophophora diffusa*）、エキノプシス・パチャノイ（*Echinopsis pachanoi*）、エキノプシス・ペルビアナ（*Echinopsis peruviana*）、ペレスキア・アクレアタ（*Pereskia aculeata*）などの茎節内からもメスカリンが検出されています。

これらのサボテンがなぜメスカリンをもつのかはっきりわかっていませんが、動物に食べられないための防御物質として働いているのではないかと考えられています。

サボテンを栽培するときのポイント

「サボテンの栽培は自生地の環境をまねるのが最良である」という話を聞きますが、これは必ずしも正しくありません。多くのサボテンで、生育に最適な環境（成長量が最大となる環境）は自生地と異なることがわかっています。

例えば、オプンティア・フィクスインディカ（*Opuntia ficus-indica*）は年間降水量300 mm程度の乾燥地でも生育できますが、年間降水量が1800 mmを超える日本（愛知県）の路地でも旺盛に成長できます。このサボテンの成長速度が最も大きくなるのは、昼の気温が25度程度、夜の気温が15度程度の、暑くも寒くもない環境下であることがわかっています。

しかしながら、生育に最適な環境条件は、サボテンの種類や栽培の目的

（花を咲かせる、大きく育てる、トゲを発達させる、など）によって大きく異なります。そこでここでは、ほとんどのサボテンに共通する、サボテンを枯らさないために重要なポイントについて解説します。

サボテンを栽培するうえで最も重要なのは「水やり」です。個人的には、初心者の方がサボテンを枯らしたり腐らせたりしてしまう原因の9割以上は水のやりすぎだと思います。前述のように、サボテンは体の中にたくさんの水を貯えており、頻繁な水やりを必要としません。サボテンを可愛がるあまりに、世話を焼きすぎてしまっている方が多いようです。

では、なぜ水をやりすぎるとサボテンは死んでしまうのでしょうか？主な理由は、①土壌中が酸素不足の状態になるため、②土壌病原菌が繁殖しやすい環境になるためです。

根を構成する細胞も呼吸しているので、酸素を吸収しています。水がないときは、根の細胞は土壌の間隙から酸素を直接取り込んでいます。しかし、土が冠水状態にある場合は、土壌の間隙は水で満たされ、根の表面全体が水と接することになります。根は、水に溶けている酸素を吸収することができますが、水中の酸素濃度は空気中の酸素濃度に比べると非常に低いため、冠水状態が長く続くと酸素が欠乏して細胞が死んでしまいます。

また、土壌の水分含量が高い状態が続くと、土壌中の病原菌が増殖し、酸素不足で弱った根から感染しやすくなります。特に夏の高温期には根の呼吸量が上昇しており、水浸しになると根が過度の酸素欠乏に陥り、致命的になる可能性が高くなります。梅雨から夏にかけては湿度も高く、与えた水が蒸発しにくいので注意が必要です。

低酸素状態に対する耐性は、サボテンの種類によって異なります。多くのサボテンは冠水状態が続くと根腐れしやすいので、排水性の高い土を使用するといいでしょう。

冬は別の理由で水やりの頻度を低くする必要があります。自然環境下では、多くのサボテンは体の水分量を少なくし、細胞内の溶質濃度を上げることで、低温に対する耐性を高めています。冬に水をやりすぎると、サボテンの低温耐性が低下して枯死する割合が増えることが過去の研究でもわかっています。最低気温が氷点下になる地域では、完全に断水するのがいいと思います。

水やりの頻度は、夏は月に1〜2回、冬は月に0〜1回、それ以外の季節は多くても週に1回程度が適当だと思われます。土が長く湿った状態にならないことが大切なので、晴れた日の朝（次の日も晴れの予報の日が理想）にたっぷり与えるといいでしょう。水をやらないと心配になるかもしれませんが、園芸店で販売されている大きさのサボテンなら、1〜2か月程度は水をやらなくても平気です。夏や冬はサボテンの生育が緩慢になるため（休眠する種もある）、国内の植物園では、夏と冬は完全に断水するところが多いようです。

その他の注意点としては、冬の低温です。氷点下の温度に長時間さらされると枯死するサボテンも多いので、気温が下がる地域では、サボテンを移動させるか、覆いを被せるといいでしょう。冷たい風がサボテンに直接当たらないようにするだけでも、対流による熱の移動が抑えられて、被害をかなり抑えられます。

さらに深く

サボテンは水だけでも育つ？

サボテンの水耕栽培

図5.22　サボテンの水耕栽培（養分を含んだ水耕液を用いて栽培）

多くの園芸書で、「サボテンは排水性のよい土で育てる」と紹介されていますが、なんと多くのサボテンは、土を使わない水耕栽培でも元気に育ちます。私の研究室で、ウチワサボテン亜科のノパレア・コケニリフェラ（*Nopalea cochenillifera*）の茎節の3分の

1〜半分程度を水耕液につけて栽培試験を行なったところ、環境条件によっては土よりも旺盛に成長しました（図5.22）。

この結果は、ウチワサボテンが酸素の少ない環境下でも生育できる耐湿性（冠水抵抗性）を備えていることを示しています。乾燥に対して非常に強い耐性をもつ植物が耐湿性も兼ね備えているのは、非常に興味深い事実です。

土壌に施用された肥料の成分は、土壌粒子にくっついたり離れたりしながら、水に溶けて土の中を移動します。植物が吸収できるのは、土壌粒子から離れて水に溶けている肥料成分だけなので、「この土壌中に植物が吸収できる肥料成分がどの程度あるか？」を知るのは困難です。しかし水耕栽培だと、肥料成分はすべて水に溶けて植物が吸収できる状態なので、肥料の組成や量を自由に調整できるというメリットがあります。

私が行なった研究では、水耕液の組成を変えることで、非常に多くのミネラル（亜鉛）を含むウチワサボテンの栽培に成功しています。実験では茎節に含まれる亜鉛の含量が可食部100gあたりで約12mgに達しました。これは、亜鉛含量が最も高い植物のひとつであるソラマメの約6倍、亜鉛含量が非常に高いことで知られる牡蛎（かき）とも同等の値です。

サボテンは貯水組織が発達した非常に太い茎節をもつため、ミネラル以外の物質も蓄積できる可能性があります。日本のように降水量の多い地域では、水耕栽培によりサボテンの機能性や生産性を向上させることも十分可能と思われます（図5.23）。

ちなみに、その他のサボテンや多肉植物でも、多くは水耕栽培が可能です。ただ、完全に根を水につけると、根が十分に呼吸できなくなり腐ってしまうことが多いようです。空気中や土中で発根させた後、根の下側半分くらいを水につけるといいでしょう。

図5.23　人工光型植物工場での食用サボテン生産試験

サボテンを接ぎ木すると何が起こる？——サボテンの接ぎ木

図5.24　樹木型サボテンに接いだもの

サボテンは接ぎ木が簡単にでき、①成長や繁殖を促進する、②花や刺の発生を促す、③病気で腐敗した苗を救う、などの目的で行なわれています。接ぎ木の台となる台木には、樹木型サボテン（ペレスキア・アクレアタ（*Pereskia aculeata*）など。図5.24）、柱型サボテン（ヒロケレウス・ウンダツス（*Hylocereus undatus*）、ミルチロカクタス・ゲオメトリザンス（*Myrtillocactus geometrizans*）、エリオケレウス・ジュスベルティ（*Eriocereus jusbertii*）など。図5.25）がよく使用されますが、ウチワ型（オプンティア属（*Opuntia*））や玉型（エキノプシス・エイリエシィ（*Echinopsis eyriesii*）、エキノプシス・トゥビフロラ（*Echinopsis tubiflora*）など。図5.26）のサボテンも使用できます。

接ぎ木は台木の旺盛な成長力を利用しており、穂木（上に接いだサボテン）の成長は著しく促進されます。接ぎ木が穂木の成長に与える影響を定量的に解析した研究は少ないのですが、経験則として、成長速度が3〜7倍程度になるしもいわれています。成長が促進されるため、茎節や子株の発生も早ま

図5.25　柱型サボテンに接いだもの

図5.26　玉型サボテンに接いだもの

り、株の繁殖にも使えます。また、根腐れなどを起こして茎の下部が腐ってしまったサボテンも、途中で切って接ぎ木することで助けることができます。

サボテンを接ぎ木する際は糸やテープがよく使われますが、包帯や接着剤を使う人もいます。最近ではYouTubeでわかりやすく解説している動画が見られるので、参考にするといいと思います（私は海外の動画を参考にしています。「cactus grafting」などと検索すると、さまざまな動画が出てきますし、動画に日本語の翻訳をつけることも簡単にできます）。

ちなみに、接ぎ木は果樹や野菜の栽培において、樹形や成長速度の調節、病害抵抗性の向上、連作障害の回避、乾燥・低温耐性の改善などを目的に、広く取り入れられています。接ぎ木をすることで、穂木の特性が好ましい影響を受ける場合があることは古くから知られています。これは成長が旺盛な台木により、多くの養水分が穂木に運ばれるためと説明されてきました。しかし近年の研究では、台木から穂木へは養分や水分だけでなく、さまざまな物質（ペプチド・タンパク質・植物ホルモン・遺伝子の転写産物など）が運ばれており、これらも穂木の成長に作用していると考えられています。

サボテンが地球温暖化対策に役立つ？

気候変動に関する政府間パネル（IPCC）の第5次評価報告書では、今世紀末には世界の平均気温が最大2.6〜4.8度上昇するほか、異常気象の発生頻度が高まる可能性が非常に高いと予測されています。地球温暖化の主な原因は温室効果ガスの増加であり、特に二酸化炭素（CO_2）が最も影響度が大きいガスと考えられています。

こうした状況のなか、大気中のCO_2を減らすための取り組みが世界各地で行なわれていて、植林もそのひとつです。樹木は、光合成によって吸収した大気中のCO_2をセルロースなど有機物の形で体内に固定することで大きく成長します。植林して樹木の数を増やすことで、CO_2吸収量を増やすことができます。しかし、樹木が枯れて微生物に分解されると、固定されていたCO_2は再び大気中に戻ります。つまり、樹木がCO_2を固定できる期間は基本的に、樹木の寿命に依存します（樹木を伐採して木材や木製品になった場合は、それらが燃えたり微生物に分解されたりするまではCO_2は固定されたままです）。

第3章で、サボテンの体内にはいたるところにシュウ酸カルシウム（$C_aC_2O_4$）の結晶が存在することを紹介しました。シュウ酸カルシウムに含まれる炭素原子は、空気中のCO_2に由来します。近年、サボテンが体内にシュウ酸カルシウムの結晶を形成する性質が、CO_2の長期固定に役立つ可能性があるとして注目されています（図5.27）。ここでは、カルネギア・ギガンテア（*Carnegia gigantea*）に含まれるシュウ酸カルシウムに注目して行なわれた研究を紹介します。

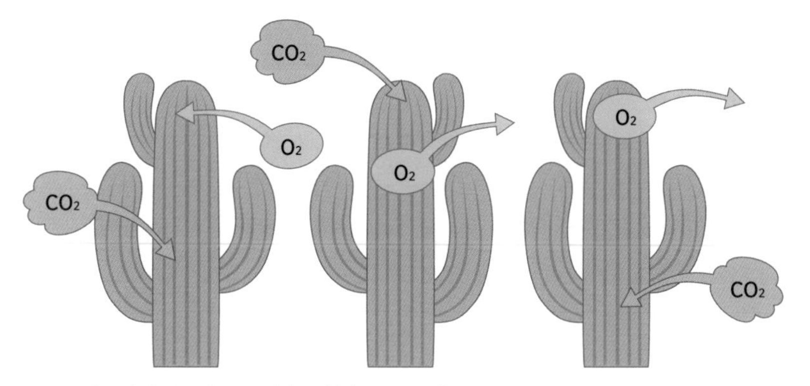

図5.27　二酸化炭素を吸収し、酸素を放出するサボテン

カルネギア・ギガンテアは、大きなもので高さ15m、重さ数トンにまで成長する円柱状のサボテンです。ソノラ砂漠に自生するカルネギア・ギガンテアに含まれるシュウ酸カルシウムの量を調べたところ、平均的なサイズの個体（高さ約6m、分枝した枝を含めた全長約9m）は体内にシュウ酸カルシウムを3kg以上、大きな個体では10kg以上含むことが明らかになりました。アリゾナ州ツーソン近郊では、カルネギア・ギガンテアが1ha（100m×100mの広さ）に100本以上生えています。これらの値から、カルネギア・ギガンテアが多く自生している地域では、1m^2（1m×1mの広さ）あたり約

40gの炭素原子がこのサボテンの体内にシュウ酸カルシウムとして固定されていることが推定されました。

シュウ酸カルシウムに固定されたCO_2は、セルロースなどの有機物に固定されたCO_2とは異なり、サボテンが枯死してもすぐには大気中に放出されません。カルネギア・ギガンテアが枯死した後、体内に含まれていたシュウ酸カルシウムは、微生物などの働きにより炭酸カルシウム（C_aCO_3）に変わります。炭酸カルシウムなどの無機物は、有機物に比べてより安定した（分解されにくい）状態であるため、より長い期間CO_2を固定できると考えられています（例えば、炭酸カルシウムを熱で分解して酸化カルシウムとCO_2にするためには、約800度以上の高温が必要）。

シュウ酸カルシウムと炭酸カルシウムは、キリンドロオプンティア属（*Cylindropuntia*）、エキノカクタス属（*Echinocactus*）、エキノケレウス属（*Echinocereus*）、フェロカクタス属（*Ferocactus*）、マミラリア属（*Mammillaria*）、オプンティア属（*Opuntia*）など、複数のサボテンの残骸（枯死した植物体）からも見つかっており、同様の現象は多くのサボテンでも起こっていると思われます。

メキシコのITOCOという企業は、サボテンを活用したカーボンオフセット事業を開始しており、その活動は2021年にイギリスで開催されたCOP26でも紹介されています。乾燥地域で植林を行なうには、乾燥下でも旺盛に生育する植物種を使用する必要がありますが、そのような樹木はあまりありません。ウチワサボテンや柱サボテンは乾燥地でも大きく成長することができ、さらに吸収したCO_2の一部を容易に分解しないかたちで長期間固定できます。そのため今後、乾燥地でのサボテンを使った植樹活動（炭素固定）が広まっていく可能性があります。

私の研究室でも現在、サボテンの二酸化炭素固定能力やシュウ酸カルシウム結晶の生体内での役割などを調べており、サボテンを地球温暖化防止に利用するための研究を進めています。

その他にも、サボテンを環境問題の解決に活用する取り組みは、世界各地で行なわれています。例えば、サボテンは生分解性プラスチックやバイオエタノールの原料としても注目されています。ウチワサボテン（オプンティア・フィクスインディカ）からつくられた植物性レザー（ヴィーガンレザー）は日本国内をはじめ世界各国ですでに流通しています（私の財布もサボテンレザーを使用したものです）。また、北アフリカでは土壌浸食の防止を目的としてサボテンの植樹が行なわれています。サボテンの生命力は、私たちの生活も支えるようになるかもしれません。

サボテンは侵略的外来種として問題になっている？

「世界の食料危機を救う作物」として注目を浴びるサボテンですが、一方で、驚異的な生命力が裏目に出て、世界の各地でその地域の生態系に影響を及ぼすおそれのある、侵略的外来種として繁殖し、大きな問題になっています。

サボテンの自生地は主に南北アメリカですが、現在は観賞植物や作物として世界中に普及しています。そのなかには当然、人の手を離れてその地域で繁殖するものも出てきます。2015年に発表された報告では、1922種のうち、57種のサボテンが侵略的外来種として世界各地で繁殖していることが指摘されています（図5.28）。

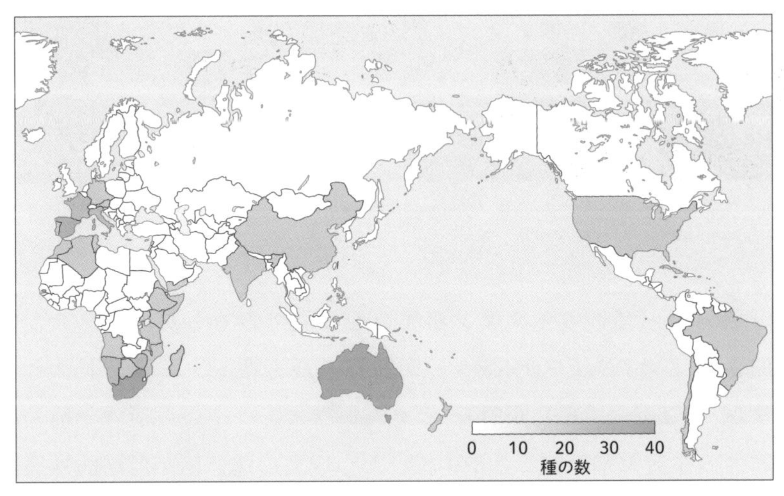

図5.28　侵略的外来種としてサボテンが繁殖している地域
Novoa A *et al.*（2015）を参考に作成。

この報告によると、侵略的外来種として世界に最も広く分布しているのは、作物としても利用されているオプンティア・フィクスインディカ（*Opuntia ficus-indica*、26か国）で、オプンティア・ストリクタ（*Opuntia stricta*、20か国）、オプンティア・モナカンサ（*Opuntia monacantha*、図5.29、11か国）、ヒロケレウス・ウンダツス（*Hylocereus undatus*、10か国）、オプンティア・フミフサ（*Opuntia humifusa*、10か国）、オプンティア・インブリカタ（*Cylindropuntia imbricata*、7か国）、オプンティア・ディレニー（*Opuntia dillenii*、7か国）が続きます。

図5.29　オプンティア・モナカンサ（*Opuntia monacantha*）
写真：Govind Jangir / shutterstock

外来種となっているサボテンを属ごとに見てみると、オプンティア属（*Opuntia*、いわゆるウチワサボテン）が27種と最も多く、キリンドロオプンティア属（*Cylindropuntia*）が8種、ヒロケレウス属（*Hylocereus*）が3種となり、分枝による栄養繁殖が起こりやすく、かつ成長の速い種が侵略的外来種となっていることがわかります。

ちなみに、国別では、最も多くの種が侵入しているのが南アフリカ（35種）で、オーストラリア（26種）、スペイン（24種）が続きます。

これまで紹介してきたように、サボテンは乾燥や高温に対する耐性、高い栄養繁殖能力など、強靭な生命力をもっています。日本のように雨の多い地域だと、サボテンよりも早く大きく育つ植物はいくらでもいます。そのためサボテンはすぐに他の植物に覆われてしまい、光合成が十分にできなくなるため成長もできず、そこら中がサボテンだらけになることはありません。しかし乾燥地域では、サボテンよりも早く大きくなる植物や、サボテンよりも乾燥に強い植物はほとんどいません。こうなるとサボテンは、その地域で繁茂することになります。例えば、オーストラリアでは1900年頃には、オプンティア・ストリクタなどが2300万haにわたって繁茂していたといわれています。繁茂したウチワサボテンの高さは1〜1.5mにも達し、牧畜業や農業に従事していた多くの植民者たちが土地を放棄せざるをえない状況になったそうです。

対策はどのように行なわれているのでしょうか？　物理的に抜いて燃やしたりする方法は現実的ではありません。サボテンは一部でも残るとそこから栄養繁殖で増えてしまいますし、量が多すぎて、労力と費用が非常にかかるからです。除草剤などの農薬散布による防除も、サボテン表面のワックス層で除草剤がはじかれるため効果が低く、残留農薬の懸念もあります。また、繁茂している面積が広い場合はコストも高くなることなどから、あまり実施されません。

最も効果があり、また世界で広く利用されているのは、コチニール（*Dactylopius* spp）やカクタス・モス（*Cactoblastis cactorum*）など、サボテンの天敵となる昆虫を利用した防除です。これらの昆虫はサボテンの茎節をエサにしてどんどん増えていくのでコストがかからず、高い効果をあげているため、各地でサボテンの駆除に用いられてきました。オーストラリアでも天敵昆虫を利用することで、1934年頃には繁茂していた面積の90％以上を駆除することに成功しました。

しかしこの生物防除は、ウチワサボテンを作物として栽培している地域では使用するかの判断が難しくなります。天敵昆虫を導入すると、野生化したサボテンだけでなく、作物として栽培しているサボテンにも影響が出てしまうからです。そのため、対応は国や地域によって異なります。例えば、マダガスカル南部では広い範囲にオプンティア・モナカンサが侵入し繁茂していますが、これらの果実や茎節はその地域の住民によって日常的に消費されており、1900年代前半にはその食料や家畜飼料としての重要性が非常に高くなっていました。1924年に天敵昆虫であるコチニールが導入されると数年で、当時繁茂していたオプンティア・モナカンサのほとんどが駆除されました。しかし、食料や家畜飼料としても利用されていたサボテンがなくなった結果、地域住民の間で深刻な飢餓が発生し、数千頭の家畜が死にました。生態系に影響を及ぼす懸念から駆除されたオプンティア・モナカンサでしたが、地域住民にとっては生活の糧となっていたのです。

現在でも、オプンティア・モナカンサを含むウチワサボテンは現地の住民と家畜の食料・飼料として利用されています。2015年にマダガスカルを襲った干ばつの際にも、現地で野生化したウチワサボテンが住民の食料になり、「サボテンが人命を救った」と報道されています。

天敵昆虫を使用すること自体に対する懸念もあります。コチニールなどの天敵昆虫の多くは中南米地域に生息する昆虫であり、マダガスカルをはじめ駆除のために導入された地域には元来生息していません。そのような昆虫を放った際の影響を正確に予測するのは困難であり、生態系への影響が指摘されています。

サボテンが世界の食料生産や環境問題への対応において役に立つ可能性があるのも事実であり、今後も利用は世界中に広まっていくと予想されます。しかしながら、サボテンの驚異的な生命力が過去の事例のように裏目に出ないよう、適切に管理を行なうことが重要です。

絶滅危惧種としてのサボテン

ウチワサボテンのように繁殖範囲を世界中に拡大しているものもありますが、すべてのサボテンが彼らのように繁殖力が旺盛なわけではなく、実際には多くのサボテンは非常に限られた地域にのみ自生しています。そのため、自生地の環境変化が絶滅に直結することもあります。現在でもたくさんの自生地が、開発や収集といった、人間の活動による影響を受けており、極端な場合にはそこに住むすべてのサボテンが失われることもあります。例えば、日本では「金鯱（きんしゃち）」の名前で有名なエキノカクタス・グルソニー（*Echinocactus grusonii*）も、自生地はダムの建設によって大半が湖底に沈みました。

2015年、国際自然保護連合（IUCN）の研究グループから、サボテンの絶滅リスクに関する世界的な調査結果が公表されました。ここではその報告の概要を紹介します。

絶滅リスクが評価されたサボテン1478種のうち、31％に相当する約500種が絶滅の危機に瀕していることがわかりました。この31％という数値は、絶滅の危機に瀕する種の割合が最も高いソテツ（63％）、両生類（41％）、針葉樹（34％）、サンゴ（33％）に次ぐ値であり、哺乳類（25％）を大きく上回っています。

また、特に多くのサボテンの絶滅リスクが高くなっている地域は、メキシコ（オアハカ州、ケレタロ州、サン・ルイス・ポトシ州、プエブラ州）、ブラジル（リオグランデ・ド・スル州、バイーア州東部、ミナスジェライス州北部）、ウルグアイ（東部全域、アルティガス北部）、チリ（アントファガスタ州南部）と報告されています。

では、これらのサボテンを絶滅の危機に追いやっている要因は何でしょうか？ 要因は、種や自生地によってそれぞれ異なります。例えば、メキシコ北部では農業がサボテンの個体数を減少させる要因ですが、同じメキシコのバハ・カリフォルニア半島では宅地や商業開発が主な原因となっています。また、ブラジル東部では小規模農家による放牧や耕作が要因ですが、南部ではこれらに加え、ユーカリ植林への土地転用が含まれます。チリやペルーの海岸近くの自生地では、販売やコレクション目的の採取・盗掘が主な原因となっています。

種ごとの事例を見てみると、ブラジル・バイーア州に自生するアロハドア・マリラニアエ（*Arrojadoa marylaniae*）は、自生地一帯で鉱物の採掘が行なわれており、近い将来絶滅する可能性があると考えられています。メキシコでは、マミラリア・ボケンシ（*Mammillaria bocensi*）やコリノプンティア・レフレキシスピナ（*Corynopuntia reflexispina*）の自生地が、エビなどの水産養殖の拡大の影響を受けていると報告されています。

このように、絶滅リスクを高める要因は地域によって異なりますが、この調査報告ではさまざまな人間の活動がサボテンの絶滅リスクに与える影響が評価されています。最も多くの種の絶滅リスクを高めている活動は、販売やコレクション目的の採取・盗掘（絶滅の危機にあるサボテンの47％に影響）であり、小規模農家による放牧（絶滅の危機にあるサボテンの31％に影響）、小規模農家による耕作（絶滅の危機にあるサボテンの24％に影響）が続くと指摘されています。

自生地で違法に採取されたサボテンは、国外の趣味家などに販売されることもあります。原則的にすべてのサボテンは1975年に発効したワシントン条約（CITES：絶滅のおそれのある野生動植物の種の国際取引に関する条約）の規制を受けるため、輸出国政府の発行する許可書などがなければ輸入できません。ワシントン条約の発効以降は、国際的な違法取引の件数は減っているものの、依然としてサボテンの絶滅リスクを高める脅威となっています。盗掘による被害を減らすために、最近ではサボテンや多肉植物の自生地に関する詳細な情報が公開されないことも増えています。

余談ですが、海外のサボテン自生地や植物園などを訪問した際に、「たくさんのサボテンが盗掘され、日本に輸出された」とお叱りを受けることがあります。具体的な数量は不明ですが、ワシントン条約発効前にはそのようなことがあったのは事実でしょう。海外のニュースなどでは、いまだに日本はサボテンが密輸されることの多い国のひとつとして紹介されることもあります。観賞用植物として日本でも人気のサボテンですが、自生地では約500種が絶滅の危機に瀕しているという事実を知っておいてもらいたいと思います。

第6章 身近なサボテン・多肉植物ミニ図鑑

アナカンプセロス科アナカンプセロス属　*Anacampseros*………P.26

主な原産地：南アフリカ

　多肉質の茎と葉をもち、一部の種は地下に塊根をつくる。透明なシートのような托葉で小葉を包み込んでいるものや、葉の間から白く長い毛を発生させるものなどがある。花は頂点付近の葉腋から発生する。花色は白、紫、ピンクなど。

アナカンプセロス・ウスツラータ（*Anacampseros ustulata*）
写真：aflohideki / イメージマート

ウェルウィッチア科ウェルウィッチア属　*Welwitschia*

主な原産地：ナミビア～アンゴラ南部（ナミブ砂漠）

　1科1属1種の裸子植物。2枚の本葉のみが成長を続け、葉長が10ｍを超えることもある。雌雄異株で、花は葉の中央部にあるくぼみ（成長帯）につく。寿命が非常に長く、自生地では推定で2000年を超える個体も存在する。

ウェルウィッチア・ミラビリス（*Welwitschia mirabilis* ）

キョウチクトウ科フェルニア属　*Huernia*

主な原産地：南アフリカ～東アフリカ、アラビア半島南部

茎の基部から子株を出して群生し、芝生のようになる種もある。茎は緑色または灰緑色。花の色や形は変化に富んでおり、黄色や茶色の地に縞模様や斑点が入るもの、花の内側に突起があるものなど多様である。花径は3～4cm程度で、悪臭を放って昆虫を誘引する。

フェルニア・マクロカルパ（*Huernia macrocarpa*）
写真：GYRO_PHOTOGRAPHY / イメージマート

キョウチクトウ科ホーディア属　*Hoodia*

主な原産地：アフリカ南部
（南アフリカ、ナミビア、アンゴラ）

茎は棒状で直立し、大型の種では高さが1mほどにもなる。茎は緑色または灰緑色。茎の表面は小さなトゲに覆われている。茎の頂部付近に盃型の花が咲き、花径は1～10cm程度と幅がある。花は黄色、薄桃色、赤色、濃紫色など。

ホーディア・ゴルドニー（*Hoodia gordonii*）
写真：Roger de la Harpe / shutterstock

キョウチクトウ科スタペリア属　*Stapeli*

主な原産地：南アフリカ〜東アフリカ

茎は丸い棒状で直立し、側部から子株を出す。茎は薄緑色または茶色がかった緑色。花の形状は星型やヒトデ型が多いが、大きさは直径1cmに満たないものから50cmを超えるものまである。花は、茎に直接つくものと、花茎（花だけをつける茎）を伸ばして開花するものがある。

スタペリア・ヒルスタ（*Stapelia hirsuta*）

キジカクシ科アガベ属　*Agave*………p.87, 96, 125

主な原産地：北アメリカ南部、中央アメリカ、南アメリカ北部

葉はロゼット状で、多くの種は葉縁と葉先にトゲをもつ。大型種では直径4mを超える。花を咲かせるまでに長い期間のかかるものが多く、「センチュリープラント（century plant）」の通称をもつ。地域によっては有用植物として重要な存在であり、メキシコの蒸留酒（テキーラ）やサイザル麻の原料としても有名である。

アガベ・シサラナ（*Agave sisalana*）

ディディエレア科アルアウディア属　*Alluaudia*

主な原産地：マダガスカル

マダガスカル島固有の植物で、数種がある。幹は、多数のトゲと、丸型または楕円型の小さな葉で覆われている。大型種では高さ20m程度になる。雌雄異株で花は小さい。幹は、建築資材や装飾品に使える貴重な有用植物として、マダガスカル島で長らく利用されている。

アルアウディア・アスケンデンス
（*Alluaudia ascendens*）
写真：Tamara Kulikova / shutterstock

ススキノキ科アロエ属　*Aloe*………p.13，82，93，132，145

主な原産地：アフリカ大陸、マダガスカル、アラビア半島

500以上の種を含む大きな属。形状は、茎がなくロゼット状のもの、上に伸びる柱状のもの、地面を這うように成長するものなど、多様である。大きさも、直径3cm程度のものや、高さ10mを超えるものなど、さまざま。葉身は硬質で厚みがあり、葉の内部にはゼリー状の透明な葉肉がある。加工品や医薬品の原料として利用される種もある。

アロエ・クラビフローラ（*Aloe claviflora*）

ススキノキ科ガステリア属　*Gasteria*

主な原産地：南アフリカ

　肉厚の硬い葉が左右対称、または旋回しながら成長する、独特の形状をしている。花序は葉の間から出て上方高く伸長する。葉の表面がざらついた感じのもの、濃い緑色の下地に白や黄色の斑が入ったものなど、さまざまな品種がつくられている。

ガステリア・ピランシー（*Gasteria pillansii*）

ススキノキ科ハオルチア属　*Haworthia*………p.83

主な原産地：南アフリカ

　葉の形態は変化に富んでおり、硬質で肉厚のもの、軟質で薄いもの、葉が長いもの、短いもの、葉の表面に毛が生えているものなどがある。色も薄緑色、濃緑色、青灰色、褐色などさまざまである。観賞用植物として近年、非常に人気があり、新しい品種をつくるための交配が盛んに行なわれている。

ハオルチア・レトゥサ（*Haworthia retusa*）

トウダイグサ科ユーフォルビア属　*Euphorbia*………p.32

主な原産地：アフリカ、マダガスカル、アラビア半島

2000以上の種を含む非常に大きな属。形態は、樹木状、球状、塊根状、棒状、タコ状に枝を伸ばすものなど多様である。植物体の各部位に、皮膚に付着すると危険な乳白色または薄黄色の有毒な樹液を含む。茎にトゲをもち、外見がサボテンに非常によく似た種もある。

ユーフォルビア・イネルミス（*Euphorbia inermis*）

ハマミズナ科ギバエウム属　*Gibbaeum*

主な原産地：南アフリカ

葉の形は玉型、円筒型、細長いものなど多様である。葉の中央部から新しい葉が発生するが、対生する葉の大きさに少し差があり、左右不揃いの形になる。葉の中央部から、黄色や白、ピンクなどの花を咲かせる。

ギバエウム・アルブム（*Gibbaeum album*）
写真：アフロ

ハマミズナ科コノフィツム属　*Conophytum*

主な原産地：南アフリカ、ナミビア

2枚の葉がくっつき球体に近い形をしたものが多いが、足袋（たび）型や鞍型をした種もある。形だけでなく、葉の透明度や硬さ、表面の模様なども多様で変化に富んでいる。古い葉の間から新葉を出し、脱皮をするように成長する。2枚の葉の中央部から飛び出すように花を咲かせる。花色は赤、黄、白、紫などがある。

コノフィツム・ルゴサ（*Conophytum rugosa*）
写真：sakurai atsushi / nature pro. / amanaimages

ハマミズナ科フォーカリア属　*Faucaria*

主な原産地：南アフリカ

葉は単葉で対生し、肉厚。三角の葉の縁にギザギザとした鋸歯があるものが多いが、鋸歯がまったくない種もある。葉は緑色や青磁色で、表皮は、平滑なものや、ゴツゴツとした白点をもつものなどがある。頂部から黄色や白色の花を咲かせる。

フォーカリア・フェリナ（*Faucaria felina*）
写真：Ch Weiss / shutterstock

ハマミズナ科リトープス属　*Lithops*………p.70

主な原産地：南アフリカ、ナミビア

肥大した葉が対になってくっつき、石ころのような外見を呈する。葉色は黄緑、緑、紫、茶、グレー、ピンクなど多様である。自生地では葉の大部分は地中に埋まっており、葉の上部から光を取り入れて光合成をする。2枚の葉の中央部から、黄色または白色の花を咲かせる。

リトープス・ブロムフィエルディー（*Lithops bromfieldii*）

ベンケイソウ科アエオニウム属　*Aeonium*

主な原産地：カナリア諸島、北アフリカ、東アフリカ

多くの種は茎立ちして上方向へ成長するが、つる状の茎をもつ種もある。ロゼット状に重なる葉が特徴。葉は紅色、濃紫色、緑色、斑が入るものなど多様である。成長すると、頂部近くの葉腋から花序が発生し、多数の小花をつける。花色は黄色のものが多い。

アエオニウム・アルボレウム
（*Aeonium arboreum*）
写真：Iv-olga / shutterstock

ベンケイソウ科エケベリア属　*Echeveria*

中央アメリカ、メキシコ

　多くの種で、多肉質の葉がバラのようにロゼット状に重なるのが特徴。葉形は、幅狭のものや幅広のもの、フリルのように波打っているもの、表面にイボのような隆起のあるものなど、変化に富んでいる。葉は緑色または青磁色のものが多いが、赤色を帯びたものもある。大きさも直径3cm程度～40cmを超えるものまで幅がある。観賞植物として人気があり、非常に多くの品種がつくられている。

エケベリア・セクンダ（*Echeveria secunda*）

ベンケイソウ科カランコエ属　*Kalanchoe*

南アフリカ、マダガスカル

　葉の形状は、卵形、楕円形、円形、葉縁に鋸歯のあるもの、表皮に毛があるものなど変化に富んでいる。葉色は緑、青磁、茶など。多くは草丈が低いが、成長すると低木状になる種もある。花色は赤、黄、オレンジなどで、鉢花にされるほど花の美しい品種もある。

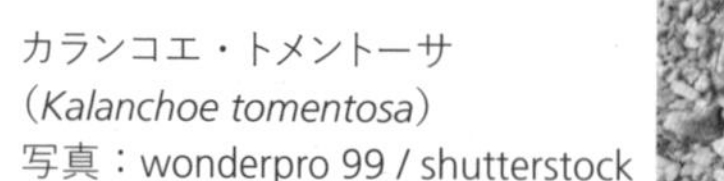

カランコエ・トメントーサ
（*Kalanchoe tomentosa*）
写真：wonderpro 99 / shutterstock

ベンケイソウ科グラプトペタルム属　*Graptopetalum*

アメリカ南西部、メキシコ

肉厚の三角形の葉をロゼット状につけるものが多い。葉色は緑や青磁が多いが、表皮にワックスを分泌して白っぽく見えるものもある。エケベリア属との異属間交配が可能なため、園芸種の親としてもよく使用される。

グラプトペタルム・パラグアイエンセ（*Graptopetalum paraguayense*）

ベンケイソウ科クラッスラ属　*Crassula*

南アフリカ、マダガスカル

アフリカを中心に世界各地に自生し、総数が200種を超える大きな属。対生の葉は、円形、楕円形、三角形、細長いものなど多様である。草姿は、低く横に広がるもの、木立性のもの、柱状になるものなどがある。小さな花を多数咲かせる。花色は赤、白、ピンクなど。

クラッスラ・ルペストリス（*Crassula rupestris*）
写真：イメージマート

ベンケイソウ科コチレドン属　*Cotyledon*

主な原産地：南アフリカ、アラビア半島

葉は、対生で、楕円形のものや扁平で幅広のものなどさまざまな形がある。葉の表面がワックスで白く粉を吹いたように見えるものや、短い毛に覆われたものなどもある。葉色は緑や青磁が多いが、斑入りの品種なども多数つくられている。

コチレドン・オリビキュラータ
（*Cotyledon orbiculata*）
写真：Afri Pics.com / Alamy / amanaimages

ベンケイソウ科セダム属　*Sedum*

主な原産地：世界各地

アフリカや南アメリカに加え、北半球の温帯や亜熱帯地域など世界各地に分布し、日本にも30種以上が自生する。茎が地面を這うように伸びるものや、子株を出して群生するものがある。群生するものは「万年草（まんねんぐさ）」とも呼ばれる。葉は緑色、青磁色、紫色、赤色など。

セダム・ルブロティンクツム
（*Sedum rubrotinctum*）
写真：Sachi_g / shutterstock

ベンケイソウ科ダドレア属　*Dudleya*

主な原産地：アメリカ南西部、メキシコ

気温が高く降水量の少ない、バハ・カリフォルニア半島などが主な自生地である。ロゼット状の葉はワックスの白い粉をまとっており、多肉植物のなかで最も白く美しいもののひとつといわれる。ワックスは強光に対する適応（光線を反射する）であると考えられている。

ダドレア・ブリトニー（*Dudleya brittonii*）
写真：Jack N. Mohr / shutterstock

コーデックス………p.8

主な原産地：アフリカ、マダガスカル、中央アメリカなど（種類により異なる）

根や茎などが大きく肥大する、一部の多肉植物が「コーデックス」と呼ばれる。キョウチクトウ科パキポディウム属（*Pachypodium*）、トケイソウ科アデニア属（*Adenia*）、ヤマノイモ科ディスコレア属（*Dioscorea*）などを含む。多くはゆっくりと成長するため、盆栽のように年月をかけて育てるのが一般的である。

パキポディウム・ブレビカウレ（*Pachypodium brevicaule*）

アデニア・グラウカ（*Adenia glauca*）

ディスコレア・エレファンティペス（*Dioscorea elephantipes*）

アリオカルプス属　*Ariocarpus*………p.25, 38, 45, 68, 69, 70

主な原産地：アメリカ南部、メキシコ

茎の大部分は地中に埋まっており、上部のみを地上に出す。養分を貯えた大きな塊根をもつ。多くは単頭だが、成長すると分枝して群生するものもある。茎には稜ではなく突起があり、トゲをもたない。突起の中央部や基部に毛を発生させるものが多い。花色は白、黄、ピンクなど。

アリオカルプス・コチューベヤナス
（*Ariocarpus kotschoubeyanus*）

アストロフィツム属　*Astrophytum*………p.31, 38

主な原産地：アメリカ南部、メキシコ

単頭で、形状は玉型または円筒型。稜ではなく突起をもつ種や、トゲのない種もある。刺座や茎上に白く短い毛を発生させるものが多く、茎全体が白く見える品種もつくられている。茎の頂部に花を咲かせ、花色は白、黄、赤など。

アストロフィツム・ミリオスティグマ
（*Astrophytum myriostigma*）

アズテキウム属　*Aztekium*………p.25，68

主な原産地：メキシコ

単頭のものや、分枝して群生するものがある。茎は緑色や灰緑色をしており、シワのある稜が特徴的。多くはトゲをもたないが、小さなトゲをもつ種もある。茎の頂部に花を咲かせ、花色は白、紫、ピンクなど。

アズテキウム・リッテリー（*Aztekium ritteri*）

ブロスフェルディア属　*Blossfeldia*………p.20，28，39，40

主な原産地：アルゼンチン、ボリビア

ブロスフェルディア・リリプタナ
（*Blossfeldia liliputana*）

ブロスフェルディア・リリプタナ（*Blossfeldia liliputana*）の1種のみで構成される属。この属を新しい亜科として独立させることが、一部の研究者から提唱されている。玉型で、幼苗のときは単頭だが、成長すると子株を出して群生する。茎は灰緑色や茶色。成長しても非常に小さく、「世界最小のサボテン」としても知られる。頂部から複数の白い花を咲かせる。

ブロウニンギア属　*Browningia*………p.35，37，63

主な原産地：エクアドル、コロンビア、チリ、ペルー、ボリビア

柱状のものや、樹木状で上部が枝分かれした燭台のような形状をしたものなどがある。花をつける枝にはトゲが少ないが、基部の幹はトゲで密に覆われている。茎の頂部付近に花を咲かせる。花色は白、黄、オレンジなど。

ブロウニンギア・カンデラリス（*Browningia candelaris*）
写真：Bihrmann / shutterstock

カルネギア属　*Carnegiea*

………p.25，30，39，63，66，78，97，101，106，143，163

主な原産地：アメリカ南部、メキシコ

主にソノラ砂漠に自生する大型の柱サボテン。成長速度は遅いが、大きな個体は高さ12mを超える。発芽後50年程度で分枝するようになる。茎の頂部付近に複数の白い花を咲かせる。属名は、アメリカの富豪アンドリュー・カーネギー（Andrew Carnegie）に由来する。

カルネギア・ギガンテア（*Carnegia gigantea*）

ケファロケレウス属　*Cephalocereus*………p.63

主な原産地：メキシコ

ケファロケレウス・セニリス
（*Cephalocereus senilis*）

　大型の柱サボテンで、多くは単頭だが、根元から分枝することもある。刺座からトゲと共に白く長い毛を発生させ、茎の表皮全体が覆われている種もある。偽花座を形成し、そこから多数の花を咲かせる。花色は白や薄いピンクなど。

ケレウス属　*Cereus*………p.39，40，42，76，143，150

主な原産地：カリブ諸島、南アメリカ北部・中部・東部

　多くは大きく成長する柱サボテンで、高さ10ｍを超える種もある。成長すると、茎の途中で分枝するもの、基部から分枝するものなどがある。花は大きく、色は白、黄、薄紫など。茎に偽花座を形成する種もある。

ケレウス・ペルビアナス
（*Cereus peruvianus*）

クレイストカクタス属　*Cleistocactus*

主な原産地：アルゼンチン、パラグアイ、ブラジル、ボリビア、ペルー

円筒形の茎は比較的細く、上方向に直立するもの、横方向に這うように成長するもの、垂れ下がるものなど、形態は多様である。短くて柔らかいブラシのようなトゲを発生させるものが多い。茎の頂部付近に複数の花を咲かせる。花色は赤、黄、オレンジなど。

クレイストカクタス・ウィンテリ（*Cleistocactus winteri*）

コピアポア属　*Copiapoa*………p.25, 28, 48, 59, 78, 86, 87

主な原産地：チリ

玉型や円筒型をしており、単頭のものや、分枝して群生するものがある。茎色は緑、青磁、紫、白など多様である。硬く鋭いトゲをもつ種が多いが、トゲのない種も存在する。表皮がワックスで白っぽく見えるものや、頂点が白い毛で覆われているものなどもある。花色は赤、黄、白など。

コピアポア・シネレア（*Copiapoa cinerea*）

キリンドロオプンティア属　*Cylindropuntia*

………p.28, 52, 57, 72, 96, 97, 98, 143, 164, 166

主な原産地：アメリカ南部、キューバ、ドミニカ共和国、ハイチ、ベネズエラ、メキシコ

円筒型の茎をもち、成長に伴いよく分枝する。茎節は分離しやすく、落ちたところから再び根を張って成長する。一部の種は非常に繁殖力が強く、密集したコロニーを形成することもある。花色は緑がかった黄、黄、赤、ピンクなど。

キリンドロオプンティア・ビゲロヴィー（*Cylindropuntia bigelovii*）

エキノカクタス属　*Echinocactus*

………p.41, 45, 47, 55, 57, 72, 79, 84, 164, 169

主な原産地：アメリカ南部・中西部、メキシコ

玉形や円筒型をしたものが多く、一部の種は稜数が非常に多い（50程度）。頂部は毛で覆われており、硬く太い放射状のトゲをもつものが多い。頂部付近から花を咲かせ、花色は黄またはピンク。本属のエキノカクタス・グルソニー（*Echinocactus grusonii*、和名：キンシャチ）は、国内でも観賞植物として非常に人気があり、庭木に使用されることも多い。

エキノカクタス・グルソニー（*Echinocactus grusonii*）

エキノケレウス属　*Echinocereus*………p.45, 72, 143, 164

主な原産地：アメリカ南部・中西部、メキシコ

茎は単頭または群生し、形状は玉型、円筒型、クッション状のものなど多様である。トゲの大きさも、短いものから鋭く長いものまで変化に富んでいる。頂部付近から咲く花は大きく、花色は赤、紫、緑がかった黄、黄、白、ピンクなどがある。

エキノケレウス・リジディスシマス（*Echinocereus rigidissimus*）

エキノプシス属　*Echinopsis*………p.71, 157, 161

主な原産地：アルゼンチン、ウルグアイ、パラグアイ、ボリビア

茎は単頭または群生し、形状は玉型か円筒型が多い。稜が部分的にデコボコと突出するものもある。トゲは硬いが、細く短いものが多い。花は大きく、花柄（かへい）（花序を支える茎）が長いラッパ型をしている。花色は白が多いが、赤や黄の種もある。

エキノプシス・カマエケレウス（*Echinopsis chamaecereus*）

エキノフォスロカクタス属　*Echinofossulocactus*………p.63

主な原産地：メキシコ

単頭で玉型のものが多く、大きさは比較的小さい。くねくねと曲がった稜が特徴的だが、真っ直ぐな稜をもつ種も存在する。稜数は非常に多く、120を超える種もある。頂部から白やピンクの花を咲かせる。専門書によってはステノカクタス属（*Stenocactus*）と書かれていて、属名が定まっていない。

エキノフォスロカクタス・ムルチコスタツス（*Echinofossulocactus multicostatus*）

エピフィルム属　*Epiphyllum*………p.45, 62, 67, 71, 81, 84, 143

主な原産地：北アメリカ南部、中央アメリカ、カリブ諸島、南アメリカ北部・中部

茎は、葉のように見える扁平な枝状である。気温が高く降水量の多い地域で、樹木などに着生して生活する。長い花柄をもった、非常に大きな花を咲かせ、特にエピフィルム・オクシペタルム（*Epiphyllum oxypetalum*、和名：ゲッカビジン）は観賞植物として人気がある。花色は淡い黄や白のものが多いが、赤い花を咲かせる品種もつくられている。

エピフィルム・オクシペタルム（*Epiphyllum oxypetalum*）
写真：イメージマート

エピテランサ属　*Epithelantha*………p.71

主な原産地：アメリカ南部、メキシコ

　茎は単頭または群生し、小型で、玉型か円筒型が多い。多くの種の茎の表面は、白く短いトゲで覆われている。トゲは柔らかく、素手で触ることができる種も多い。頂部付近から複数の白やピンクの花を咲かせる。

エピテランサ・ボーケイ（*Epithelantha bokei*）

エリオシケ属　*Eriosyce*

主な原産地：チリ

　茎は単頭で、形状は玉型または円筒型。稜数は10～40程度と比較的多い。トゲは、少ないものから表皮が見えないほど密生したものまであり、色も白、黄、黒など多様である。茎の頂部から、赤や黄、ピンクなどの花を咲かせる。

エリオシケ・スブギッボサ（*Eriosyce subgibbosa*）

エスポストア属　*Espostoa*………p.55, 73, 76

主な原産地：エクアドル、ペルー

大きなものは高さ9m程度まで成長する大型の柱サボテンで、基部付近から分枝することが多い。茎表面は、白く長い毛に覆われている。花座や偽花座を茎の側面に形成し、そこから多数の花を咲かせる。花色は赤、黄、白、ピンクなど。

エスポストア・ラナタ
（*Espostoa lanata*）
写真：Tang Yan Song / shutterstock

フェロカクタス属　*Ferocatus*

………p.19, 25, 50, 54, 57, 59, 67, 142, 164

主な原産地：アメリカ南部・中西部、メキシコ

茎は単頭または群生し、大型で、玉型か円筒型が多い。厚みのあるトゲは、真っ直ぐに伸びるものと、釣り針のように曲がるものとがある。国内ではエキノカクタス属などと共に「強刺類」と呼ばれることもある。茎の頂部付近から複数の花を咲かせる。花色は黄、白、紫、オレンジ、ピンクなど。

フェロカクタス・キリンドラセウス（*Ferocactus cylindraceus*）

ギムノカリキウム属　*Gymnocalycium*………p.41

主な原産地：アルゼンチン、ウルグアイ、パラグアイ、ブラジル、ボリビア

　茎は単頭または群生し、小型で、玉型か円筒型が多い。頂部が少し窪んでおり、稜が部分的にデコボコと突出するものもある。トゲは大きく、先端が曲がったものが多い。茎の頂部付近から花を咲かせる。花色は赤、黄、白、ピンクなど。ギムノカリキウム・ミハノビッチ（*Gymnocalycium mihanovichii*）が葉緑体を欠失してできた品種（和名：ヒボタン）が、日本では観賞植物として人気。

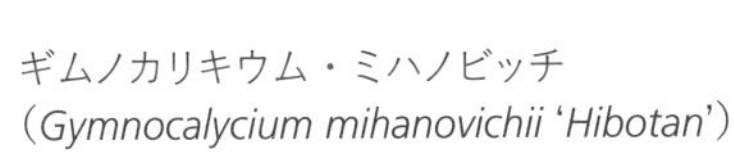

ギムノカリキウム・ミハノビッチ
（*Gymnocalycium mihanovichii* 'Hibotan'）

ヒロケレウス属　*Hylocereus*………p.63, 68, 71, 143, 148, 161, 166

主な原産地：中央アメリカ、カリブ諸島、南アメリカ北部・中部・東部

　円筒形または三角形の茎がほふくしながら伸び、ときには樹木など他の植物をよじ登って成長する。茎の長さは10ｍを超えることもある。大きなものでは直径30cm以上の非常に大きな花を咲かせる。花色は赤、白、ピンクなど。ヒロケレウス・ウンダツス（*Hylocereus undatus*）などの果実は、ドラゴンフルーツ（ピタヤ）として販売されている。

ヒロケレウス・ウンダツス（*Hylocereus undatus*）

レウクテンベルギア属　*Leuchtenbergia*……p.35，37，68

主な原産地：メキシコ

棒状で青磁色の茎を基部からたくさん出し、茎の先端部からトゲを発生させる。地下には養分や水分を貯めた塊根を形成する。外見がキジカクシ科のアガベに似ていることから、「アガベカクタス」の通称をもつ。茎の頂部から花を咲かせる。花色は黄または白。

レウクテンベルギア・プリンシピス（*Leuchtenbergia principis*）

ロビビア属　*Lobivia*

主な原産地：アルゼンチン、チリ、ペルー、ボリビア

ロビビア・ヘルトリチアナ（*Lobivia hertrichiana*）
写真：guentermanaus / shutterstock

茎は単頭または群生し、小型で、玉型か円筒型が多い。茎のいたるところから漏斗状の大きな花が咲く。国内では、エキノプシス属、パロディア属などと共に「花サボテン」と呼ばれる。花色は赤、黄、白、紫、オレンジ、ピンクなど。

ロフォフォラ属　*Lophophora*………p.14, 68, 156

主な原産地：アメリカ南部、メキシコ

茎は単頭または群生し、形状は背の低い玉型。トゲがなく、多くは滑らかな表皮をもつ。地下に養分や水分を貯蔵する塊根を形成し、自生地では茎の大部分が地中に埋まっていることが多い。茎の頂部から白やピンクの花を咲かせる。ロフォフォラ・ウィリアムシー（*Lophophora williamsii*）などは、茎内に幻覚作用をもたらす物質を含むことから、「幻覚サボテン」としても知られている。

ロフォフォラ・ウィリアムシー（*Lophophora williamsii*）

マミラリア属　*Mammillaria*

………p.21, 48, 50, 54, 59, 71, 78, 164, 170

主な原産地：北アメリカ南部、中央アメリカ、カリブ諸島、南アメリカ北部

マミラリア・ゼイルマニアーナ
（*Mammillaria zeilmanniana*）

200以上の種を含む大きな属。茎は単頭または群生し、小型で、形状は玉型か円筒型。茎に突起をもつものが多い。トゲは真っ直ぐなもの、先端が曲がったもの、毛のように柔らかいものなど多様である。茎の先端部付近に小さな花をリング状に咲かせる。花色は赤、黄、白、ピンクなど。

メロカクタス属　*Melocactus*………p.73

主な原産地：北アメリカ南部、中央アメリカ、カリブ諸島、南アメリカ北部・東部

茎は単頭で、形状は玉型か円筒型。トゲは太く長いものが多く、色は赤茶、黄、白など多様である。生殖成長期になると、茎頂部に花座を形成し、そこから多数の花を咲かせる。花色は赤、紫、ピンクなど。

メロカクタス・コンキヌス（*Melocactus concinnus*）

ミルチロカクタス属　*Myrtillocactus*………p.22, 57, 143, 161

主な原産地：メキシコ、中央アメリカ

大型の柱サボテンで、10mを超える種もある。稜数は少なく、成長すると分枝して樹木のような形状になる。茎の先端部付近に複数の花を咲かせる。花色は黄、黄緑、白など。ミルチロカクタス・

ミルチロカクタス・ゲオメトリザンス（*Myrtillocactus geometrizans*）

ゲオメトリザンス（*Myrtillocactus geometrizans*、和名：リュウジンボク）は、接ぎ木の台木としてよく使用される。

オブレゴニア属　*Obregonia*

主な原産地：メキシコ

オブレゴニア・デネグリイ（*Obregonia denegrii*）の1種から構成される属で、メキシコ・タマウリパス州にのみ自生する。茎は肉厚で、背が低く、三角形の突起を何枚も積み重ねたような形状をしている。突起の先端からトゲが発生する。頂部から白やピンクの花を咲かせる。

オブレゴニア・デネグリイ（*Obregonia denegrii*）

オプンティア属　*Opuntia*

………p.19, 21, 25, 28, 38, 41, 45, 52, 53, 54, 56, 58, 59, 67, 72, 78, 85, 87, 92, 94, 96, 97, 102, 112, 125, 139, 141, 143, 145, 148, 151, 152, 153, 157, 161, 164, 166

主な原産地：南北アメリカ全域

オプンティア・ロブスタ（*Opuntia robusta*）

150以上の種からなる大きな属。茎は扁平な円形（ウチワ型）をしたものが多い。成長に伴いよく分枝し、茎節は分離しやすい。多くの種が、芒刺（ぼうし）と呼ばれる、短い離脱性のトゲをもつことが特徴。茎の頂部付近から大型の花を咲かせる。花色は赤、黄、白、オレンジなど。一部の種は作物として、世界の広い地域で栽培されている。

オレオケレウス属　*Oreocereus*

主な原産地：アルゼンチン、チリ、ボリビア、ペルー

大きなものは高さ3m程度まで成長する柱サボテンで、基部付近から分枝することが多い。稜数は比較的多く（10～25程度）、白く長い毛で茎が覆われている種もある。茎の頂部から複数の花を咲かせる。花色は赤、紫、ピンクなど。

オレオケレウス・ネオセルシアナス
（*Oreocereus neocelsianus*）

パキケレウス属　*Pachycereus*

………p.22, 25, 27, 39, 58, 63, 72, 76, 86, 96, 143

主な原産地：メキシコ

大きなものは高さ15mを超える大型の柱サボテン。パキケレウス・プリングレイ（*Pachycereus pringlei*）は、世界最大のサボテンとして知られている。茎の中～上部から分枝するもの、基部付近から分枝するものなどがある。茎は緑色または青磁色。茎の頂部付近から多数の花を咲かせる。花色は黄、白、ピンクなど。

パキケレウス・プリングレイ（*Pachycereus pringlei*）

パロディア属　*Parodia*………p.50, 59

主な原産地：アルゼンチン、ボリビア

茎は単頭が多いが、分枝して群生する種もある。小型で、形状は玉型か円筒型。部分的にデコボコと突出した稜をもつ。茎の頂部から複数の大きな花を咲かせる。花色は赤、黄、オレンジなど。国内では他の属と共に「花サボテン」とも呼ばれる。

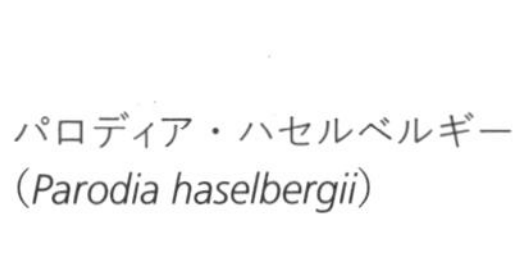

パロディア・ハセルベルギー
（*Parodia haselbergii*）

ペレスキア属　*Pereskia*………p.8, 12, 17, 43, 72, 143, 157, 161

主な原産地：アルゼンチン、ウルグアイ、ブラジル、パラグアイ、ペルー、ボリビア

コノハサボテン亜科に含まれ、原始的なサボテンに姿が近いと考えられている。中～大型で、形状は樹木状。大型の種は高さが5ｍを超える。茎からトゲを発生させるが、一般的な樹木に似た葉ももつ。花色は赤、白、ピンクなど。

ペレスキア・アクレアタ（*Pereskia aculeata*）

リプサリス属　*Rhipsalis*………p.10, 22, 35, 45, 67, 68, 81

主な原産地：南北アメリカ（熱帯全域）、南アフリカ、マダガスカル、スリランカ

細長い棒状の茎をもち、樹木など他の植物に着生して生活する。茎の先端部などから白く小さな花を咲かせる。本属のリプサリス・バッキフェラ（*Rhipsalis baccifera*）は分布域が非常に広く、南アフリカやスリランカにも自生している。

リプサリス・クラヴァタ（*Rhipsalis clavata*）

セレニケレウス属　*Selenicereus*

………p.37, 71, 143, 149

主な原産地：メキシコ、中央アメリカ、カリブ諸島、南アメリカ北部

茎の形状は、細長い丸形、三角形、星形など。横方向に伸長し、ときには周囲の樹木などをよじ登って成長する。茎の長さは5mを超えることもある。非常に大きな白い花を咲かせ、大きなものは直径35cmにも達する。

セレニケレウス・マクドナルディアエ
（*Selenicereus macdonaldiae*）
写真：学研／アフロ

ステノケレウス属　*Stenocereus*

………p.25, 35, 37, 49, 58, 68, 96, 101, 143

主な原産地：アメリカ南部、中央アメリカ、カリブ諸島、南アメリカ北部

大きなものは高さ10mを超える大型の柱サボテン。基部付近から分枝するものが多い。アメリカ南部に自生するステノケレウス・サーベリ（*Stenocereus thurberi*）は、その形状から「オルガンパイプカクタス」の通称をもつ。茎の頂部から複数の大きな花を咲かせる。花色は黄、白、ピンクなど。

ステノケレウス・サーベリ（*Stenocereus thurberi*）
写真：Wildnerdpix / shutterstock

スルコレブティア属　*Sulcorebutia*

主な原産地：アルゼンチン、ボリビア

茎は単頭または群生し、小〜中型で、形状は玉型か円筒型が多い。茎色は緑または紫。茎の頂部付近から漏斗状の花を咲かせる。花色は黄、オレンジ、ピンクなど。専門書によってはレブティア属（*Rebutia*）と書かれていて、属名が定まっていない。

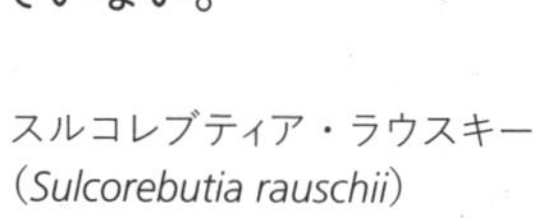

スルコレブティア・ラウスキー
（*Sulcorebutia rauschii*）

テフロカクタス属　*Tephrocactus*……p.21, 46

主な原産地：アルゼンチン、ボリビア

茎は単頭または群生し、小型で、形状は玉型か円筒型が多い。トゲの色は白、茶、灰などがあり、形状も多様である。テフロカクタス・ゲオメトリクス（*Tephrocactus geometricus*）のように、球のような形をした種もある。茎の頂部付近から花を咲かせる。花色は赤、黄、白、ピンクなど。

テフロカクタス・ゲオメトリクス（*Tephrocactus geometricus*）

ユーベルマニア属　*Uebelmannia*………p.46

主な原産地：ブラジル

茎は単頭、小～中型で、形状は玉型か円筒型が多い。大きなものは高さ1.5mほどにまで成長する。茎は、緑色または灰色で、表皮がザラザラとしたものが多い。ユーベルマニア・ペクチニフェラ（*Uebelmannia pectinifera*）などの一部の種は、稜に沿って整然と並ぶ、馬のたてがみのようなトゲをもつ。茎の頂部から黄色の花を咲かせる。

ユーベルマニア・ペクチニフェラ（*Uebelmannia pectinifera*）

参考文献

第 1 章

伊豆シャボテン公園伊豆資源生物アカデミー 編（1997）『サボテン・多肉植物330種――楽しみ方・育て方のコツ』新星出版社

伊藤 元己 著（2013）『植物分類学』東京大学出版会

伊藤 元己・井鷺 裕司 著（2018）『新しい植物分類体系――APGで見る日本の植物』文一総合出版

伊藤 芳夫 著（1970）『サボテン接ぎ木入門』日本文芸社

伊藤 芳夫 著（1988）『サボテン科大事典――266属とその種の解説』未來社

大澤 良・江面 浩 編（2013）『新しい植物育種技術を理解しよう』国際文献社

パワポン スパナンタナーノン 著、大塚美里 訳（2019）『多肉植物全書』グラフィック社

Arakaki M *et al.* (2011) Contemporaneous and recent radiations of the world's major succulent plant lineages. *PNAS* 108, 8379-8384. doi: 10.1073/pnas.1100628108.

Arias S *et al.* (2003) Phylogenetic analysis of *Pachycereus* (Cactaceae, Pachycereeae) based on chloroplast and nuclear DNA sequences. *Systematic Botany* 28, 547-557.

Banks LW (2008) *All About Saguaros: Facts/ Lore/ Photos.* Arizona Highways magagine

Barthlott W, Taylor NP (1995) Notes towards a monograph of Rhipsalideae (Cactaceae). *Bradleya* 13, 43-79.

Boke NH (1952) Leaf and areole development in Coryphantha. *Am. J. Bot.* 39, 134-145.

Boke NH (1953) Tubercle development in *Mammillaria heyderi. Am. J. Bot.* 40, 239-247.

Boke NH (1955) Dimorphic areoles of Epithelantha. *Am. J. Bot.* 42, 725-733.

Boke NH (1961) Areole dimorphism in *Coryphantha. Am. J. Bot.* 48, 593-603.

Brockington SF *et al.* (2011) Complex pigment evolution in the Caryophyllales. *New Phytol.* 190, 854-864. doi: 10.1111/j.1469-8137.2011.03687.x.

David H (2013) *The new cactus lexicon (edition 2).* DH Books

Edward FA (2001) *The cactus family.* Timber Press

Gibson AC, Novel PS (1986) *The Cactus Primer.* Harvard University Press.

Guerrero PC *et al.* (2019) Phylogenetic relationships and evolutionary trends in the cactus family. *J. Hered.* 110, 4-21. doi: 10.1093/jhered/esy064.

Grace OM (2019) Succulent plant diversity as natural capital. *Plants People Planet* 1, 336-345. doi: 10.1002/ppp3.25

Hernández-Hernández T *et al.* (2011) Phylogenetic relationships and evolution of growth form in *Cactaceae* (*Caryophyllales, Eudicotyledoneae*). *Am. J. Bot.* 98, 44-61.

Hernández-Hernández T *et al.* (2014) Beyond aridification: multiple explanations for the elevated diversification of cacti in the new world succulent biome. *New Phytol.* 202, 1382-1397. doi: 10.1111/nph.12752.

Isaura RR *et al.* (2021) Blurring the boundaries between a branch and a flower: potential developmental venues in Cactaceae. *Plants* 10, 1134. doi: 10.3390/plants10061134.

Joel Lodé (2015) *Taxonomy of the Cactaceae (vol. 1).* Cactus-Aventures International S.L.

Joel Lodé (2015) *Taxonomy of the Cactaceae (vol. 2).* Cactus-Aventures International S.L

Kiesling R, Mauseth JD (2000) History and taxonomy of *Neoraimondia herzogiana* (Cactaceae). *Haseltonia* 7, 47–52.

Mauseth JD (2006) Structure-function relationships in highly modified shoots of cactaceae. *Ann. Bot.* 98, 901-926.

Mauseth JD (2007) Tiny but complex foliage leaves occur in many “leafless” cacti (Cactaceae). *Int. J. Plant Sci.* 168, 845-853.

Mauseth JD, Kiesling R (1997) Comparative anatomy of *Neoraimondia roseiflora* and Neocardenasia herzogiana (Cactaceae). *Haseltonia* 5, 37-50.

Rebman JP, Pinkava DJ (2001). Opuntia cacti of north America: an overview. Florida Entomologist 84, 474-483.

Novoa A *et al.* (2015) Introduced and invasive cactus species: a global review. *AoB Plants* 7: plu078. doi: 10.1093/aobpla/plu078.

Sánchez D *et al.* (2015). How and why does the areole meristem move in Echinocereus (Cactaceae)? *Ann. Bot.*

115, 19-26.
Vivian N (2007) Chromosome numbers, nuclear DNA content, and polyploidy in *Consolea* (Cactaceae), an endemic cactus of the Caribbean Islands. *Am. J. Bot.* 94, 1360-1370.

第 2 章

鈴木 正彦 編『園芸学の基礎』農山漁村文化協会
パワポン スパナンタナーノン 著、大塚美里 訳（2018）『サボテン全書』グラフィック社
堀部貴紀（2020）『サボテンのトゲについての解説（形態と機能）』「生物機能開発研究所紀要」21, 50-63.

Banks LW (2008) *All About Saguaros: Facts/ Lore/ Photos.* Arizona Highways magagine
Bastola AK (2021) Structural performance of a climbing cactus: making the most of softness. *J. R. Soc. Interface* 18, 20210040. doi: 10.1098/rsif.2021.0040.
Barrios D *et al.* (2021) Serotiny in Melocactus matanzanus (Cactaceae) and role of cephalium in dispersal of seeds after the individual's death. *Seed Science Research* 31, 326-332.
Bobich EG, Nobel PS (2001) Vegetative reproduction as related to biomechanics, morphology and anatomy of four cholla cactus species in the Sonoran Desert. *Ann. Bot.* 87, 485-493.
Chamberlain SA, Holland JN (2008) Density-mediated, contextdependent consumer-resource interactions between ants and extrafloral nectar plants. *Ecology* 89, 1364-1374
Dan T (2017) *Cactus.* Reaktion Books
Darling MS (1989) Epidermis and hypodermis of the saguaro cactus (Cereus giganteus): anatomy and spectral properties. *Am. J. Bot.* 76, 1698-1706.
David H (2013) *The new cactus lexicon (edition 2).* DH Books
Dewir YH (2016) Cacti and succulent plant species as phytoplasma hosts: a review. *Phytopathogenic Mollicutes* 6, 1-9.
Edward FA (2001) *The cactus family.* Timber Press
Garrett TY (2010) Root contraction helps protect the "living rock" cactus Ariocarpus fissuratus from lethal high temperatures when growing in rocky soil. *Am. J. Bot.* 97, 1951-1960. doi: 10.3732/ajb.1000286.
Gibson AC, Novel PS (1986) *The Cactus Primer.* Harvard University Press
Gorelick R (2016) What is a cephalium? *Bradleya* 34, 100-124.
Isaura RR *et al.* (2021) Blurring the boundaries between a branch and a flower: potential developmental venues in Cactaceae. *Plants* 10, 1134. doi: 10.3390/plants10061134.
Ju J *et al.* (2012) A multi-structural and multi-functional integrated fog collection system in cactus. *Nat. Commun.* 3, 1247.
Kim K *et al.* (2017) Hydraulic strategy of cactus trichome for absorption and storage of water under arid environment. *Front. Plant Sci.* 18, 1777.
Kirschner GK (2021) Rooting in the desert: a developmental overview on desert plants. *Genes* 12, 709. doi: 10.3390/genes12050709.
Loik ME (2008). The effect of cactus spines on light interception and photosystem II for three sympatric species of Opuntia from the Mojave Desert. *Physiologia Plantarum* 134, 87-98.
Malik FT *et al.* (2015) Dew harvesting efficiency of four species of cacti. *Bioinspir Biomim.* 24, 036005.
Malik FT *et al.* (2016) Hierarchical structures of cactus spines that aid in the directional movement of dew droplets. Philos. Trans. *A Math Phys. Eng. Sci.* 374, 20160110.
Mauseth JD (2000) Theoretical aspects of surface-to-volume ratios and water-storage capacities of succulent shoots. *Am. J. Bot.* 88, 1107-1115.
Mauseth JD (2002) *A Cactus Odyssey.* Timber press
Mauseth JD (2004) Giant shoot apical meristems in cacti have ordinary leaf primordia but altered phyllotaxy and shoot diameter. *Ann. Bot.* 94, 145-153.
Mauseth JD (2006) Structure-function relationships in highly modified shoots of cactaceae. *Ann. Bot.* 98, 901-926.
Mauseth JD (2007) Tiny but complex foliage leaves occur in many "leafless" cacti (Cactaceae). *Int. J. Plant Sci.* 168, 845-853.

Mauseth JD (2016) Many cacti have leaves on their "flowers." *Cactus and Succulent Journal* 88, 4-9.
Ness JH (2006) A mutualism's indirect costs: the most aggressive plant bodyguards also deter pollinators. *Oikos* 113, 506-514.
Niklas KJ *et al.* (2000) Wood biomechanics and anatomy of Pachycereus pringlei. *Am. J. Bot.* 87, 469-481.
Niklas KJ *et al.* (2003) On the mechanical properties of the rare endemic cactus Stenocereus eruca and the related species S. gummosus. *Am. J. Bot.* 90, 663-674.
Nobel PS (1988) *Environmental Biology of Agaves and Cacti.* Cambridge University press
Nobel PS (2010) *Cacti-biology and uses.* University of California press
Nobel PS (2010) *Desert Wisdom: Agaves and Cacti: CO2, Water, Climate Change.* iUniverse
Novoa A *et al.* (2015) Introduced and invasive cactus species: a global review. *AoB Plants* 7: plu078. doi: 10.1093/aobpla/plu078.
Novoa A *et al.* (2019) Is spinelessness a stable character in cactus pear cultivars? Implications for invasiveness. *J. Arid Environ.* 160, 11-16.
Niklas KJ *et al* (2003) On the mechanical properties of the rare endemic cactus Stenocereus eruca and the related species S. gummosus. *Am. J. Bot.* 90, 663-674. doi: 10.3732/ajb.90.5.663.
Omar AF (2014) Molecular identification of phytoplasmas in fasciated cacti and succulent species and associated hormonal perturbation. *Journal of Plant Interactions* 9, 632-639. doi: 10.1080/17429145.2014.882421
Orozco-Arroyo G (2012) Inception of maleness: auxin contribution to flower masculinization in the dioecious cactus Opuntia stenopetala. *Planta* 236, 225-238. doi: 10.1007/s00425-012-1602-5.
Paolo Inglese *et al.* (2017) Crop ecology cultivation and uses of cactus pear. Food and Agriculture Organization of the United Nations and the International Center for Agricultural Research in the Dry Areas.
Park CH (2018) Detection of co-infection of Notocactus leninghausii f. cristatus with six virus species in South Korea. *Plant Pathol. J.* 34,65-70. doi: 10.5423/PPJ.NT.08.2017.0187.
Silva S *et al.* (2020) Structure and function of secretory glochids and nectar composition in two Opuntioideae (Cactaceae) species. *Botany* 98, 1-13.
Salak M (2000) In search of the tallest cactus. *Cactus and Succulent Journal* 72, 86–94.
Soffiatti P, Rowe NP (2020) Mechanical innovations of a climbing cactus: functional insights for a new generation of growing robots. *Front Robot AI.* 9, 64. doi: 10.3389/frobt.2020.00064.
Sotomayor M, Arredondo A (2004) Turbinicarpus; spines and seedling development. *Cactus & Co.* 8, 102-114.
Rebollo S *et al.* (2002) The role of spiny plant refuge in structuring grazed shortgrass steppe plant communities. *Oikos* 98, 53-64.
Ribbens E (2007) Opuntia fragilis: Taxonomy, distribution, and ecology. *Haseltonia* 14, 94-110.
Rodriguez-Alonso G *et al.* (2018) Transcriptomics insights into the genetic regulation of root apical meristem exhaustion and determinate primary root growth in Pachycereus pringlei (Cactaceae). *Sci. Rep.* 4, 8, 8529. doi: 10.1038/s41598-018-26897-1.
Rosa-Manzano ED *et al.* (2016) Effects of spine-shading on aspects of photosynthesis for three cactus species. *Botanical Science* 94, 301-310.
Ruffner GA, Clark WD (1986) Extrafloral nectar of Ferocactus acanthodes (Cactaceae): Composition and its importance to ants. *Am. J. Bot.* 73, 185-189.
Vázquez-Sánchez M (2015) Comparative morphology and anatomy of Backebergia militaris (Echinocereeae–Cactaceae) cephalium. *Plant Syst. Evol.* 302, 245-256.

第 3 章

リンカーン・テイツ 編、西谷 和彦・島崎 研一郎 訳（2017）『テイツ／ザイガー　植物生理学・発生学（原著第6版）』講談社

Banks LW (2008) *All About Saguaros: Facts/ Lore/ Photos.* Arizona Highways magagine
Barthlott W *et al.* (1998) Classification and terminology of plant epicuticular waxes. *Botanical Joumal of the Linnean Socity* 126, 237-260.
Ben SF *et al.* (2014) Micromorphology of cactus-pear (Opuntia ficus-indica (L.) Mill) cladodes based on scanning microscopies. *Micron* 56, 68-72. doi: 10.1016/j.micron.2013.10.010.

Dan T (2017) *Cactus*. Reaktion Books
Dubrovsky JG, Gómez-Lomelí LF (2003) Water deficit accelerates determinate developmental program of the primary root and does not affect lateral root initiation in a Sonoran Desert cactus (Pachycereus pringlei, Cactaceae). *Am. J. Bot.* 90, 823-831. doi: 10.3732/ajb.90.6.823.
Goldstein G, Nobel PS (1994) Water relations and low-temperature acclimation for cactus species varying in freezing tolerance. *Plant Physiol.* 104, 675-681. doi:10.1104/pp.104.2.675
Gheribi R, Khwaldia K (2019) Cactus mucilage for food packaging applications. *Coatings* 9, 655. doi:10.3390/coatings9100655
Gibson AC, Novel PS (1986) *The Cactus Primer*. Harvard University Press
Guerrero PC *et al.* (2019) Phylogenetic relationships and evolutionary trends in the cactus family. *J. Hered.* 110, 4-21. doi: 10.1093/jhered/esy064.
Hartl WP *et al.* (2007) Diversity of calcium oxalate crystals in Cactaceae. *Can. J. Bot.* 85, 501-517.
Hernández-Hernández T *et al.* (2014) Beyond aridification: multiple explanations for the elevated diversification of cacti in the new world succulent biome. *New Phytol.* 202, 1382-1397. doi: 10.1111/nph.12752.
Horibe T (2021) Cactus as crop plant: physiological features, uses and cultivation. *Environ. Control Biol.* 59, 1-12. doi: 10.2525/ecb.59.1
Kim H *et al.* (2018) Hydraulic strategy of cactus root-stem junction for effective water transport. Front. *Plant Sci.* 12, 9, 799. doi: 10.3389/fpls.2018.00799.
Kirschner GK (2021) Rooting in the desert: a developmental overview on desert plants. *Genes* 12, 709. doi: 10.3390/genes12050709.
Landrum JV (2006) Wide-band tracheids in genera of Portulacaceae: novel, non-xylary tracheids possibly evolved as an adaptation to water stress. *J. Plant Res.* 119, 497-504. doi: 10.1007/s10265-006-0013-8.
Maceda A *et al.* (2021) Distribution and chemical composition of lignin in secondary xylem of Cactaceae. *Chem. Biodivers* 18, e2100431. doi: 10.1002/cbdv.202100431.
Mauseth JD (1993) Water-storing and cavitation-preventing adaptations in wood of cacti. *Ann. Bot.* 72, 81-89.
Mauseth JD (1993) Medullary bundles and the evolution of cacti. *Am. J. Bot.* 80, 928-932.
Mauseth JD (1995) Collapsible water-storage cells in cacti. *Bulletin of the Torrey Botanical Club* 122, 145-151.
Mauseth JD (1996) Comparative anatomy of tribes Cereeae and Browningieae (Cactaceae). *Bradleya* 14, 66-81.
Mauseth JD (1999) Comparative anatomy of Espostoa, Pseudoespostoa, Thrixanthocereus, and Vatricania (Cactaceae). *Bradleya* 17, 33-43.
Mauseth JD (2000) Theoretical aspects of surface-to-volume ratios and water-storage capacities of succulent shoots. *Am. J. Bot.* 88, 1107-1115.
Mauseth JD (2004) Wide-band tracheids are present in almost all species of Cactaceae. *J. Plant Res.* 117, 69-76. doi: 10.1007/s10265-003-0131-5.
Mauseth JD (2005) Anatomical features, other than wood, in subfamily Opuntioideae (Cactaceae). *Haseltonia* 11, 2-14.
Mauseth JD (2006) Blossfeldia lacks cortical bundles and persistent epidermis; is it basal within Cactoideae? *Bradleya* 24, 73–82.
Mauseth JD (2006) Wood in the cactus subfamily Opuntioideae has extremely diverse structure. *Bradleya* 24: 93–106.
Mauseth JD (2006) Structure-function relationships in highly modified shoots of cactaceae. *Ann. Bot.* 98, 901-926.
Mauseth JD *et al.* (1998) Anatomy of relictual members of subfamily Cactoideae, IOS Group 1a (Cactaceae). *Bradleya* 16, 31-43.
Nobel PS *et al.* (1995) Low-temperature tolerance and acclimation of Opuntia Spp. after injecting glucose or methylglucose. *Int. J. Plant Sci.* 156, 496-504.
Nobel PS (1999) *Physicochemical and Environmental Plant Physiology (2nd edition)*. Academic Press
Nobel PS (2010) *Cacti-biology and uses*. University of California press
Nobel PS (2010) *Desert Wisdom: Agaves and Cacti: CO2, Water, Climate Change*. iUniverse
Nobel PS, De la Barrera E (2000) Carbon and water balances for young fruits of platyopuntia. *Physiol. Plant* 109, 160-166
Otálora MC *et al.* (2021) Extraction and physicochemical characterization of dried powder mucilage from

Opuntia ficus-indica cladodes and Aloe vera leaves: a comparative study. *Polymers* 13, 1689. doi: 10.3390/polym13111689.
Paolo Inglese *et al.* (2017) Crop ecology cultivation and uses of cactus pear. Food and Agriculture Organization of the United Nations and the International Center for Agricultural Research in the Dry Areas.
Reyes-Rivera J *et al.* (2018) Structural characterization of lignin in four cacti wood: implications of lignification in the growth form and succulence. *Front. Plant. Sci.* 17, 9, 1518. doi: 10.3389/fpls.2018.01518.
Ribbens E (2007) Opuntia fragilis: Taxonomy, distribution, and ecology. *Haseltonia* 14, 94-110.
Shedbalkar UU *et al.* (2010) Opuntia and other cacti: applications and biotechnological insights. *Tropical Plant Biol.* 3: 136-150.
Tooulakou G *et al.* (2016) Reevaluation of the plant "gemstones": Calcium oxalate crystals sustain photosynthesis under drought conditions. *Plant Signal Behav.* 11, e1215793. doi: 10.1080/15592324.2016.1215793.
Trachtenberg S, Mayer AM (1981) Composition and properties of Opuntiaficus-indica mucilage. *Phytochemistry* 20, 2665-2668.
Williams DG *et al.* (2014) Functional trade-offs in succulent stems predict responses to climate change in columnar cacti. *J. Exp. Bot.* 65, 3405-3413. doi: 10.1093/jxb/eru174.
Yang X *et al.* (2015) A roadmap for research on crassulacean acid metabolism (CAM) to enhance sustainable food and bioenergy production in a hotter, drier world. *New Phytol.* 207, 491-504. doi: 10.1111/nph.13393.

第 5 章

日本カクタス専門家連盟 編（1990）『日本サボテン史』日本カクタス専門家連盟
堀部貴紀（2018）『ウチワサボテンの果実生産技術――定植から収穫まで』「生物機能開発研究所紀要」19, 42-52.
堀部貴紀（2019）『食用ウチワサボテンの栄養特性と生理作用』「生物機能開発研究所紀要」20, 30-46.

Arba M (2009) Rooting of one year and second year old cladodes of cactus pear. *Acta Hortic.* 811, 303-307.
Banks LW (2008) *All About Saguaros: Facts/ Lore/ Photos.* Arizona Highways magagine
Barbera G *et al.* (1995) Agro-ecology cultivation and uses of cactus pear. *FAO Plant Production and Protection Paper* No. 132.
Dan T (2017) *Cactus.* Reaktion Books
Das G *et al.* (2021) Cactus: chemical, nutraceutical composition and potential bio-pharmacological properties. *Phytother Res.* 35, 1248-1283. doi: 10.1002/ptr.6889.
David H (2013) *The new cactus lexicon (edition 2).* DH Books
De Waal HO *et al.* (2015) Development of a cactus pear agro-industry for the sub-Sahara Africa Region. Proceedings of International Workshop, University of the Free State, Bloemfontein, South Africa.
Dinis-Oliveira RJ *et al.* (2019) Pharmacokinetic and pharmacodynamic aspects of peyote and mescaline: clinical and forensic repercussions. *Curr. Mol. Pharmacol.* 12, 184-194. doi:10.2174/1874467211666181010154139.
Edward FA (2001) The cactus family. Timber Press
Ennouri M *et al.* (2005) Fatty acid composition and rheological behaviour of prickly pear seed oils. *Food Chem.* 93, 431-437.
Garvie LA (2003) Decay-induced biomineralization of the saguaro cactus (Carnegiea gigantea). *American Mineralogist* 88, 1879-1888.
Garvie LA (2006) Decay of cacti and carbon cycling. *Naturwissenschaften* 93, 114-118. doi: 10.1007/s00114-005-0069-7.
Gebremariam T. *et al.* (2006) Effect of different levels of cactus (Opuntia ficus-indica) inclusion on feed intake, digestibility and body weight gain in tef (Eragrostis tef) straw – based feeding of sheep. *Anim. Feed Sci. Technol.* 131, 41-52.
Gibson AC, Novel PS (1986) *The Cactus Primer.* Harvard University Press
Goettsch B *et al.* (2015) High proportion of cactus species threatened with extinction. *Nat Plants* 5, 1, 15142. doi: 10.1038/nplants.2015.142.
Horibe T (2017) A cost-effective, simple, and productive method of hydroponic culture of edible Opuntia

"Maya". *Environ. Control Biol.* 55, 171-174.
Horibe T (2019) Hydroponics of edible cactus (Nopalea cochenillifera): effect of cladode size, fertilizer concentration and cultivation temperature on daughter cladode growth and development. *Environ. Control Biol.* 57, 69-74.
Horibe T *et al.* (2020) Zinc biofortification of the edible cactus nopalea cochenillifera grown under hydroponic conditions. *Environ. Control Biol.* 58, 43-47.
Horibe T (2021) Cactus as crop plant: physiological features, uses and cultivation. *Environ. Control Biol.* 59, 1-12. doi: 10.2525/ecb.59.1
Inglese P *et al.* (1994) Growth and CO2 uptake for cladodes and fruit of the Crassulacean acid metabolism species Opuntia ficus-indica during fruit development. *Physiol. Plant.* 91, 708-714.
Inglese P *et al.* (1995) Crop production, growth and ultimate fruit size of cactus pear following fruit thinning. *HortScience* 30, 227-230.
Inglese P *et al.* (2002) Alternate bearing and summer pruning of cactus pear. *Acta Hortic.* 581, 201-204.
Kuti JO, Galloway CM (1994) Sugar Composition and invertase activity in prickly pear fruit. *J. Food Sci.* 59, 387-388.
Labuschagne MT, Hugo A (2010) Oil content and fatty acid composition of cactus pear seed compared with cotton and grape seed. *J. Food Biochem.* 34, 93-100.
Mauseth JD (2006) Structure-function relationships in highly modified shoots of cactaceae. *Ann. Bot.* 98, 901-926.
Mizrahi Y *et al.* (1997) Cacti as crops. *Hort. Rev.* 18, 291-320.
Mizrahi Y (2014) Cereus peruvianus (Koubo) new cactus fruit for the world. *Rev. Bras. Frutic.* 36, 68-78.
Mizrahi Y (2020) Do we need new crops for arid regions? a review of fruit species domestication in Israel. *Agronomy* 10, 1995. doi:10.3390/agronomy10121995.
Nobel PS (2010) *Cacti-biology and uses.* University of California press
Nobel PS (2010) *Desert Wisdom: Agaves and Cacti: CO2, Water, Climate Change.* iUniverse
Novoa A *et al.* (2015) Introduced and invasive cactus species: a global review. *AoB Plants* 7: plu078. doi: 10.1093/aobpla/plu078.
Ortiz-Hernández YD, Carrillo-Salazar JA (2012) Pitahaya (Hylocereus spp.): a short review. *Comunicata Scientiae* 3, 220-237.
Silva MA *et al.* (2021) Opuntia ficus-indica (L.) Mill.: A multi-benefit potential to be exploited. *Molecules* 11, 26, 951. doi: 10.3390/molecules26040951.
Pachauri RK, L.A. Meyer LA eds. (2014) Climate change 2014: Synthesis Report. Contribution of Working Groups I, II, and III to the Fifth Assessment Report of the Intergovernmental Panel on Climate Change. IPPC (Intergovernmental Panel on Climate Change).
Paolo Inglese *et al.* (2017) Crop ecology cultivation and uses of cactus pear. Food and Agriculture Organization of the United Nations and the International Center for Agricultural Research in the Dry Areas.
Stintzing FC *et al.* (2001) Phytochemical and nutritional significance of cactus pear. *Eur. Food Res. Technol.* 212, 396-407.
Stintzing FC *et al.* (2003) Evaluation of colour properties and chemical quality parameters of cactus juices. *Eur. Food Res. Technol.* 216, 303-311.
Stintzing FC, Carle R (2005) Cactus stems (Opuntia spp.) : a review on their chemistry, technology, and uses. *Mol. Nutr. Food Res.* 49, 175-94.
Tegegne F *et al.* (2007) Study on the optimal level of cactus pear (Opuntia ficus-indica) supplementation to sheep and its contribution as source of water. *Small Ruminant Res.* 72, 157-164.
Tooulakou G *et al.* (2016) Reevaluation of the plant "gemstones": Calcium oxalate crystals sustain photosynthesis under drought conditions. *Plant Signal Behav.* 11, e1215793. doi: 10.1080/15592324.2016.1215793.
Trivellini A *et al.* (2020) Pitaya, an attractive alternative crop for mediterranean region. *Agronomy* 10, 1065. doi:10.3390/agronomy10081065.
Van Der Merwe LL *et al.* (1997) Supplementary irrigation for spineless cactus pear. *Acta Hortic.* 438, 77-82.

第 6 章
伊豆シャボテン公園伊豆資源生物アカデミー 編（1997）『サボテン・多肉植物330種——楽しみ方・育て方のコツ』新星出版社
国際多肉植物協会 監修（2017）『はじめての多肉植物 育て方&楽しみ方』ナツメ社
小林 浩 著（1997）『ポケット図鑑 サボテン——サボテン・多肉植物』成美堂出版
パワポン スパナンタナーノン 著、大塚美里 訳（2018）『サボテン全書』グラフィック社
パワポン スパナンタナーノン 著、大塚美里 訳（2019）『多肉植物全書』グラフィック社
向山 幸夫 監修（2020）『多肉植物の育て方・楽しみ方』西東社

Edward FA (2001) *The cactus family*. Timber Press
Joel Lodé (2015) *Taxonomy of the Cactaceae (vol. 1)*. Cactus-Aventures International S.L.
Joel Lodé (2015) *Taxonomy of the Cactaceae (vol. 2)*. Cactus-Aventures International S.L.
Miles Anderson (2017) *The complete illustrated guide to growing cacti & succulents*. Lorenz Books
Terry Hewitt (1997) *The complete book of cacti & succulents*. DK publishing

おわりに

「専門家だけではなく、サボテンや植物が好きな人が楽しめる本」を目指して書きました。かなりディープな内容も紹介しているので、現役の植物研究者でも知らないような話がたくさんあると思います。

本書をここまで読まれた皆さんは、「サボテンはすごい！」と、きっと同意してもらえるはずです。しかしながら、私は「どんな生き物もすごい！」と思っています。この世界にいるすべての生き物は、それぞれに特徴的な生きる力をもっています。すべての生き物が進化の末に生まれたオンリー・ワン（only one）であり、この地球に多様な生き物が存在することは、それこそ奇跡だと思います。

外を歩いているとき、足元の草花や昆虫などの生き物をぜひ観察してみてください。サボテンと同じように、彼らの行動や形には、何かしらの意味が隠されています。そして、それに気がついたとき、「センス・オブ・ワンダー(sense of wonder)」はやってきます。

本書を書くきっかけを与えていただき、編集を担当してくださった永瀬敏章さんにこの場を借りて感謝申し上げます。私を研究者として育ててくれた恩師の山木昭平先生に御礼申し上げます。研究生活を支えてくれている妻・里英には、いつも本当に感謝しています。

最後に、読者の皆さんに重ねて感謝申し上げます。
本書を通して、サボテンの「すごさ」や「面白さ」を皆さんと共有できていたら、この上ない喜びです。

2022年7月　堀部 貴紀

著者紹介

堀部 貴紀（ほりべ・たかのり）

中部大学 応用生物学部 准教授。
中部大学 大学院 応用生物学研究科 博士後期課程修了。博士（応用生物学）。
名古屋大学 農学部 資源生物環境科学科 卒業。
専門は園芸学、植物生理学など。
名古屋大学 大学院 修士課程修了後、岐阜放送 報道部に勤務。その後、研究の道に戻り、現在は中部大学でサボテンを研究中。日本では数少ないサボテン博士。

◉── カバー・本文デザイン　福田 和雄（FUKUDA DESIGN）
◉── DTP　清水 康広（WAVE）
◉── 校正　曽根 信寿
◉── 図版　藤立 育弘

サボテンはすごい！ 過酷な環境を生き抜く驚きのしくみ

2022年 8月 25日　初版発行

著者	堀部 貴紀
発行者	内田 真介
発行・発売	ベレ出版 〒162-0832　東京都新宿区岩戸町12 レベッカビル TEL.03-5225-4790 FAX.03-5225-4795 ホームページ　https://www.beret.co.jp/
印刷・製本	三松堂株式会社

ISBN 978-4-86064-699-8 C0045　　編集担当　永瀬 敏章